Vadim Gordienko
Ivan Gordienko
Olga Zavgorodnyaya

Campo térmico e recursos geoenergéticos da Ucrânia

Vadim Gordienko
Ivan Gordienko
Olga Zavgorodnyaya

Campo térmico e recursos geoenergéticos da Ucrânia

ScienciaScripts

Cover image: www.ingimage.com

This book is a translation from the original published under ISBN 978-3-659-85303-6.

Publisher:
Sciencia Scripts
is a trademark of
Dodo Books Indian Ocean Ltd. and OmniScriptum S.R.L publishing group

120 High Road, East Finchley, London, N2 9ED, United Kingdom
Str. Armeneasca 28/1, office 1, Chisinau MD-2012, Republic of Moldova, Europe
Managing Directors: Ieva Konstantinova, Victoria Ursu
info@omniscriptum.com

Printed at: see last page
ISBN: 978-620-8-37375-7

Índice

Introdução

O campo térmico dos continentes e oceanos tem atraído muita atenção nas últimas décadas, e os dados geotérmicos são cada vez mais utilizados na análise de problemas fundamentais das ciências da Terra e na resolução de problemas aplicados. Estes dados ocupam uma posição única entre os dados de outros métodos geofísicos, uma vez que permitem estudar diretamente os processos em subsuperfície e não as suas consequências mais ou menos distantes. No entanto, a intensidade dos estudos experimentais e teóricos do campo térmico não corresponde de todo a esse papel. A densidade da rede de determinações do gradiente geotérmico e do fluxo de calor (HF) está muito aquém da alcançada no estudo de outros campos físicos. Não existem requisitos geralmente aceites para o processamento de TP observados e análises de campo, que garantam a adequação dos modelos resultantes às condições reais na subsuperfície e às leis físicas. Por conseguinte, apesar da informatização significativa do processamento e interpretação dos dados, é frequente encontrar modelos mutuamente exclusivos baseados na mesma informação inicial. As interpretações especulativas e qualitativas do campo térmico ainda estão muito difundidas, com a ajuda das quais é possível "concordar" as anomalias TP com quaisquer processos e objectos profundos.

Ao estudar o domínio térmico da Ucrânia, foram definidas duas tarefas que foram largamente resolvidas.

1 O detalhe e a fiabilidade dos estudos de fluxo de calor são levados a um nível que permite isolar as principais perturbações à escala regional.

2 . Foi criado o sistema de análise de dados experimentais, que é o mais próximo possível da solução inequívoca do problema inverso, ou seja, a construção de modelos térmicos geológica e geofisicamente fiáveis da crosta e do manto superior.

Para atingir estes objectivos, foi criada uma rede de determinações de fluxos de calor (principalmente nos últimos 10-20 anos), incluindo valores de TP em

13.000 furos (um furo tem de 1 a 20 valores). Todos eles foram corrigidos tendo em conta a influência do paleoclima, dos transbordamentos não horizontais de águas subterrâneas, das estruturas geológicas (quando estas últimas conduziram a limites não horizontais de interfaces entre meios com diferentes condutividades térmicas), dos empuxos jovens, da sedimentação jovem intensiva. O erro dos valores determinados é estimado numa média de 5-10%. As correcções introduzidas permitiram excluir completamente as variações do fluxo de calor por profundidade num poço, que excedem visivelmente o erro de cálculo. Como resultado, foi construído o mapa do fluxo de calor profundo da Ucrânia. Em termos de densidade da rede, não tem análogos entre os mapas de áreas comparáveis.

A utilização de uma grande quantidade de informação sobre a estrutura da crosta e a composição das suas rochas, bem como a sua geração de calor radiogénico, tornou possível explicar completamente os valores de fundo do fluxo de calor nas regiões da plataforma inactivada. Ao mesmo tempo, o valor TP do manto é justificado pelos resultados de uma consideração independente da sua história térmica.

As dificuldades de interpretação do campo térmico (ambiguidade da solução do problema inverso, "atingir um máximo", por exemplo, em regiões onde o efeito de uma fonte de calor jovem não se propagou à superfície e não se manifestou no TP) são aparentemente insuperáveis. No entanto, é a dependência do efeito observado de uma multiplicidade de factores que sugere a possibilidade de construir um esquema forte para regularizar a solução do problema inverso e controlar externamente os resultados dessa solução.

Capítulo 1: Determinação do fluxo de calor da Terra no território da Ucrânia

O principal parâmetro estudado na geotermia moderna é o fluxo de calor da Terra. O cálculo do valor observado de TP requer o conhecimento do gradiente geotérmico (γ) e da condutividade térmica (λ) das rochas num intervalo de profundidade (TP = $\gamma\lambda$). Assim, é necessário determo-nos nas caraterísticas destas grandezas, considerando a opção de investigação em sondagens relativamente profundas (o método de redução da onda de temperatura - RTW, que não requer sondagens profundas e que estabelece uma pequena parte da TP, é descrito em [17]).

1.1 Determinação da temperatura nos poços

Ao avaliar a aplicabilidade das medições de T no furo de sondagem para calcular o gradiente geotérmico com uma precisão aceitável, é necessário conhecer o erro de medição e a correspondência da temperatura medida com a temperatura natural.

Foi efectuado um trabalho especial para descobrir o nível de erro das determinações de T com base nos resultados de medições repetidas em poços [14]. Foram utilizados apenas dados de poços maduros. As suas profundidades variavam entre 200 e 2500 m. Os furos penetraram principalmente em rochas sedimentares, e em rochas cristalinas em menor quantidade. ^{0}Os gradientes geotérmicos variaram numa vasta gama - 1-40 C/100m. Os intervalos de profundidade com distorções óbvias de natureza próxima da superfície foram excluídos da consideração. Foram utilizadas as temperaturas estabelecidas pelos especialistas do Instituto de Geofísica da Academia das Ciências da Ucrânia, do Instituto de Geologia e Geofísica Marinha FEB RAS, do Instituto de Sismologia da Academia das Ciências do Quirguizistão, do Instituto de Física da Terra RAS, do Instituto de Geoquímica e Geofísica da Academia das Ciências da Bielorrússia, da Universidade de

Kazan, do Instituto de Recursos Minerais do Ministério dos Recursos Minerais do Cazaquistão, do VSEGEI, do VIRG, do Instituto Mineiro de São Petersburgo, bem como de várias unidades GIS do Ministério da Geologia da Rússia.

Os poços estudados estão localizados na vertente sul do Escudo Báltico, na Calha de Pripyat, na Depressão de Dnieper-Donets (DDD), na vertente do Escudo Ucraniano, nos Cárpatos, na Calha Transcarpática, na Crimeia, no Precaucaso, na Placa de Turan, no Tien Shan, no Escudo do Cazaquistão, em Sakhalin e nas Ilhas Kuril. Foi investigado um total de 90 poços e foram obtidos 250 termogramas (de dois a nove em cada poço).

Em primeiro lugar, foram consideradas as medições de temperatura efectuadas por termómetros de precisão. Podem ser feitas várias selecções a partir do material disponível.

1. Medições muito espaçadas que revelam diferenças de temperatura insignificantes. ^{0}A diferença RMS é de cerca de 0,08 C. Este valor é próximo do explicado pelos erros instrumentais dos dois termómetros, o que demonstra a possibilidade de obter um tal resultado em condições reais de poço.

2. Medições próximas no tempo (de várias horas a uma semana) revelam diferenças relativamente pequenas nas temperaturas absolutas, que não conduzem a erros significativos no gradiente geotérmico (não mais de 5%). ^{0}A diferença RMS é de cerca de 0,3 C, o que excede largamente o erro instrumental dos termómetros. As mudanças de temperatura nos poços entre as medições são improváveis.

3. Medições muito espaçadas revelam diferenças drásticas nos resultados, levando a erros significativos na determinação da magnitude do gradiente geotérmico.

A diferença RMS é de cerca de 1,$_{70C}$. As diferenças em γ atingem 15% em grandes intervalos de profundidade (mais de 1000 m) e 40-50% em pequenos intervalos (cerca de 100 m).

Em alguns casos, são evidentes as mudanças rápidas no desempenho de um dos termómetros utilizados para comparação. ⁰Num dos poços de exploração, as temperaturas medidas por um termistor diferiram das temperaturas registadas em 5 C durante vários dias. A monitorização subsequente com o mesmo termistor mostrou uma boa concordância com os registos.

Assim, o erro real de medição de um termómetro preciso pode ser grande, mas também é possível um erro próximo do erro instrumental. A situação em geral (para o período até 1990 inclusive, após o qual não foi efectuada nenhuma operação em grande escala) é caracterizada por um histograma resumido para as três amostras. ⁰O desvio padrão é de cerca de 0,7 C, mas a distribuição está longe de ser normal, com diferenças frequentes que excedem o triplo do desvio padrão.

4. As medições repetidas efectuadas após um longo período de tempo (de vários meses a 12 anos) revelam geralmente diferenças notáveis em T. É de notar que cerca de 20% das medições repetidas foram efectuadas com os mesmos sensores utilizados para medições próximas no tempo. Na grande maioria dos casos, as alterações em T não conduzem a alterações significativas no gradiente geotérmico. ⁰O valor RMS da diferença é o mesmo 0,7 C. Mas, por um lado, uma parte significativa dos dados incluídos na amostra 4 é estabelecida com a ajuda de sensores com os quais as amostras 1 e 2 foram obtidas em medições próximas no tempo. Por outro lado - em alguns casos, foi possível assumir que entre as medições houve mudanças em T de natureza tecnogénica. A sua magnitude não pôde ser determinada, mas pode ser significativa, como se depreende de alguns casos estudados em pormenor. Por exemplo, foram registadas alterações de T a uma profundidade de 800m em poços da área de exploração, onde foi perfurado outro poço nas proximidades. A bombagem neste poço resultou numa alteração acentuada e prolongada da T.

Excluindo estes dados da amostra 4, obtemos para ela um histograma caracterizado por uma diferença RMS de 0,5°C. Assim, as variações temporais das temperaturas nos poços incluídos na análise não criam anomalias significativas de carácter geológico. De qualquer modo, não podem ser identificadas de forma fiável com a precisão alcançada nas medições de T.

Consideremos as razões para os erros registados na medição da temperatura. Nalguns casos, estão relacionados com caraterísticas instáveis do sensor, mas tais distorções são bastante raras: apenas quatro termogramas em 200 podem ser atribuídos a elas. É mais provável que exista uma distribuição generalizada de caraterísticas estáveis no tempo, mas incorretamente definidas, dos sensores. Para testar esta hipótese, foram comparados sensores utilizados por várias organizações científicas que efectuaram investigação geotérmica na década de 1990. Todos os sensores selecionados foram comparados com o utilizado pelos autores. Os resultados obtidos por eles concordam bastante bem com a maioria dos estabelecidos por outros dispositivos. Foram encontradas diferenças nos valores absolutos de T nas primeiras décimas de grau, mas estas, em regra, não devem conduzir a diferenças significativas nos gradientes geotérmicos. No entanto, também foram detectadas diferenças acentuadas, que atingem vários graus, criando claramente o perigo de uma medição incorrecta do gradiente geotérmico.

A utilização de sensores de baixa qualidade pode explicar as discrepâncias de temperatura registadas nos poços. O aparecimento de caraterísticas incorrectas dos termómetros pode logicamente ser atribuído a uma calibração deficiente. A análise de numerosos resultados de calibrações repetidas efectuadas por diferentes grupos geotérmicos revelou calibrações divergentes, juntamente com a maior parte das calibrações mais próximas. A sua utilização permite obter, em leituras termométricas constantes, erros T de várias décimas de grau a vários graus e erros notáveis na determinação do gradiente geotérmico.

Considere os dados disponíveis sobre medições repetidas de temperatura utilizando termómetros de registo padrão.

São comparadas tanto as medições próximas no tempo como as separadas por períodos de tempo significativos. Com base nos seus resultados, é traçado um histograma de diferenças, revelando um valor rms deste parâmetro de 1,2°C. É de notar que, na maioria dos casos, são encontrados termogramas subparalelos, ou seja, as diferenças nos valores absolutos de temperatura não conduzem a diferenças nos valores dos gradientes geotérmicos.

Todos os pares de termogramas considerados foram levados ao mesmo nível de temperaturas absolutas. O histograma das diferenças preservadas revela um valor rms de 0,3-0,4°C. Apenas em alguns intervalos de profundidade de vários poços foram registadas diferenças γ de cerca de 25%. Os valores típicos são de cerca de 10%. Algumas das distorções significativas do gradiente podem presumivelmente ser atribuídas à influência de factores antropogénicos. As alterações temporais das temperaturas em poços inactivos durante um longo período de tempo entre medições também não foram detectadas de forma fiável neste grupo de resultados.

Os termogramas obtidos com termómetros de precisão foram também comparados com os dados do registo térmico. O valor RMS das diferenças é de 1,5°C. Existem diferenças significativas em γ em cerca de metade dos intervalos de profundidade estudados. O maior valor de discrepância em relação ao obtido quando se comparam os dados de registo entre si é explicado pelo facto de os resultados obtidos por termómetros "precisos" com um grande erro, incluídos na amostra 3, terem sido parcialmente utilizados na amostra em consideração. Assim, a qualidade das medições de temperatura com termómetros de registo padrão pode ser mais elevada do que com termómetros "precisos".

A análise permite-nos tirar as seguintes conclusões.

1. Os termómetros precisos utilizados na geotermia em condições reais de poço permitem efetuar medições com um erro absoluto de temperatura de alguns centésimos até ao primeiro décimo de grau. Permitem a determinação do gradiente geotérmico com um erro de 1-3 %.

2. Estas capacidades do hardware não são frequentemente utilizadas devido à má graduação do termómetro. Por conseguinte, são comuns erros significativamente grandes: na temperatura absoluta - 0,5- l,0°C, no gradiente geotérmico - 10-15 %.

3. As determinações do gradiente geotérmico a partir de medições de temperatura com termómetros de registo padrão não diferem marcadamente em precisão das determinações a partir de termogramas obtidos por cerca de metade dos termómetros de precisão atualmente em uso.

4. Para melhorar o nível de fiabilidade dos levantamentos de poços geotérmicos, é necessária uma reconciliação periódica dos instrumentos utilizados para identificar e eliminar os resultados de graduações incorrectas e outras fontes de grandes erros na medição da temperatura.

Os autores fizeram as suas próprias medições de temperatura em poços permanentes utilizando termómetros especiais com termistor. Estas medições foram efectuadas em cerca de 5-10% de todos os poços para os quais a T foi utilizada nos cálculos da TP. Foram utilizados termístores fabricados em 1960 (ou seja, naturalmente "envelhecidos") com praticamente nenhuma alteração de graduação com o tempo, com resistência nominal de 100000 Ohm. ^{0}O controlo das caraterísticas (dependência da resistência do sensor em relação à temperatura) foi efectuado anualmente antes da época de campo, tendo sido utilizados termómetros de mercúrio com um erro de cerca de 0,01-0,02 C para a calibração. O erro real dos termómetros foi verificado através da comparação repetida dos resultados de medições consecutivas de T num poço. ^{0}A diferença média entre eles foi de 0,02-0,03 C.

Os mesmos resultados de controlo foram obtidos pelos autores (pessoal do

VIRG) de estudos T em furos pouco profundos na parte central do Escudo Ucraniano (cerca de 10-15% de todos os dados utilizados). Foram utilizados termómetros eléctricos de conceção própria. Foi também demonstrado que a tecnologia de perfuração utilizada (sem circulação de fluido de lavagem) e o curto período de afundamento do furo resultaram num assentamento muito rápido. Algumas horas após a conclusão da perfuração, foram observadas temperaturas inalteradas no fundo do poço durante vários dias.

A maioria das determinações do fluxo de calor baseou-se em medições de T no fundo do poço com termómetros de registo padrão durante o registo. Em regra, a paragem dos poços foi de várias horas a vários dias. O erro instrumental de uma tal operação foi repetidamente estimado [14 e outros] e atinge os primeiros décimos de grau. O principal erro está claramente relacionado com as distorções T introduzidas pelo processo de circulação do fluido de lavagem durante a perfuração. Foi demonstrado experimentalmente que a temperatura do fundo do poço sofre a menor distorção. Esta é efetivamente medida várias horas (ou mais) após a conclusão do processo de circulação do fluido. A comparação com os dados de poços maduros convence que, neste período, a temperatura do fundo do poço já ultrapassou o período em que excede a temperatura natural associada à libertação de calor durante a fratura da rocha. O grau de proximidade com a temperatura natural é determinado pela tecnologia de perfuração.

Para a perfuração da maior parte (cerca de 55% do número total) dos poços utilizados (carvão e hidrogeológicos) foi utilizada a tecnologia que não conduz a grandes distorções da temperatura do fundo do poço. ^{0}Com base em exemplos de medições de temperatura em 150 furos no Donbass, foi demonstrado que as diferenças de T nas temperaturas do fundo do poço em relação às obtidas à mesma profundidade e a uma pequena distância (várias centenas de metros) durante as medições de furos em trabalhos subterrâneos frescos correspondem a um erro de cerca de 0,3 C. Assim, o erro não excede

0,3 C. Assim, o erro não excedeu o erro instrumental, a T natural da face teve tempo para se recuperar.

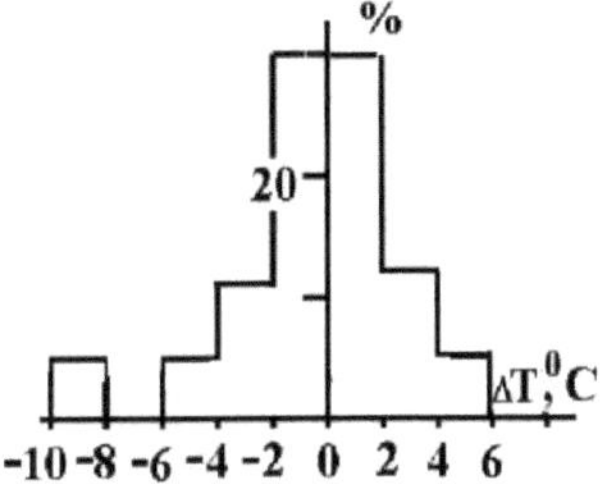

Fig. 1.1 Histograma das diferenças de temperatura em formações contendo gás e formações contendo água ou petróleo.

Tecnologia de afundamento de petróleo e gás

(cerca de 25% de todos os poços utilizados) causa distorções muito mais significativas (aproximadamente por uma ordem de grandeza) de T, e o sinal da anomalia resultante e a sua dependência da profundidade do fundo do poço não podem ser estabelecidos.

Por conseguinte, os resultados dessas medições T foram utilizados apenas para calcular o TP em poços profundos (mais de 1000 m), o que proporcionou um erro aceitável (cerca de 10% ou menos) no cálculo do gradiente geotérmico médio entre o fundo do poço e a superfície.

Nos últimos anos, os autores desenvolveram uma nova metodologia que permite utilizar para o cálculo do gradiente de temperatura geotérmica determinado durante os testes de formações potencialmente produtivas em poços de petróleo e gás. As medições foram efectuadas principalmente pelas organizações do Ministério da Geologia da SSR ucraniana nos anos 70-80 do século XX.

Pode considerar-se um problema metodológico relativamente a estes dados de temperatura. Temia-se que a abertura de depósitos de gás durante os testes pudesse levar a uma queda de temperatura notável devido ao efeito de aceleração, criando uma anomalia que distingue o valor do parâmetro medido do natural. No Donbass, é possível comparar as temperaturas obtidas durante os testes de estratos contendo gás com estratos contendo água e (atraindo também o material em partes do DDS) estratos contendo petróleo às mesmas profundidades nas mesmas áreas de exploração.

$_{ГВНГВН}$Os resultados desta comparação na forma de ΔT = T -T , (em que T é a temperatura no reservatório de gás e T , é a temperatura no reservatório de água ou de petróleo) são apresentados na Fig. 1.1.

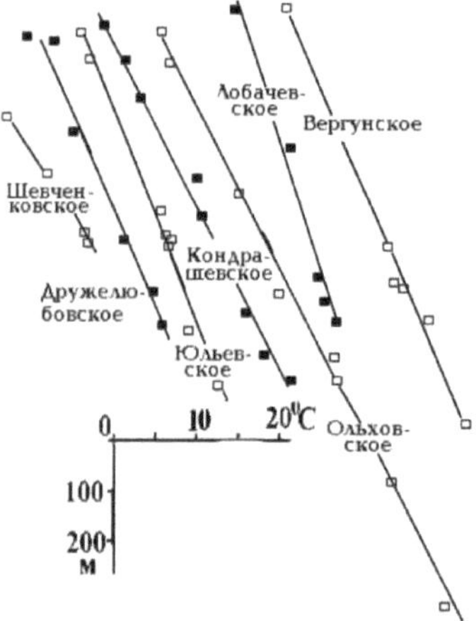

Fig. 1.2. Resultados das determinações de T em poços de vários campos do extremo norte de Donbass e da parte adjacente da encosta do maciço de Voronezh.

^{0}Obviamente, a distribuição é bastante simétrica, e as discrepâncias típicas são de apenas 2,5 C, o que é visivelmente menor do que os valores devidos aos erros habituais das temperaturas de fundo de poço utilizadas anteriormente para o cálculo de TP [16]. Assim, a aplicação da nova versão da metodologia promete não só a ausência de distorções adicionais da T natural, mas também a sua determinação mais exacta.

A substituição do fluido de perfuração no poço durante os testes de água de formação pode contribuir para a determinação de T, que não é distorcida pelo processo de perfuração. Este pressuposto foi testado em muitos exemplos, confirmando a sua validade.

Alguns dados deste género podem também ser apresentados para o Donbas (Fig. 1.2). ^{0}Obviamente, os desvios das linhas rectas médias são, em média, de cerca de 1 C. ^{0}É essencialmente menor do que em construções semelhantes com a utilização de temperaturas de fundo de poço (3 C), e é necessário ter em conta o facto de medições em diferentes poços em cada campo, enquanto que a T de fundo de poço foi tomada num único poço. A variação linear de T com a profundidade também indica que a condutividade térmica das rochas é estável em grandes intervalos de profundidade. ^{2}A comparação dos resultados do cálculo de TP nos poços estudados repetidamente pelas temperaturas consideradas leva à conclusão de que eles concordam com os calculados pelo T de fundo de poço. A diferença insignificante (em média - 3 mW/m de excesso dos novos valores em relação aos antigos) pode indicar o aquecimento de horizontes produtivos por fluidos introduzidos relativamente recentemente.

1.2. Condutividade térmica das rochas na Ucrânia

O valor da condutividade térmica das rochas de diferentes regiões da Ucrânia foi estudado (inclusive com a participação dos autores) em diferentes anos por diferentes métodos por diferentes especialistas [17, 20, 29, etc.]. Não nos vamos debruçar sobre a técnica e a metodologia destes estudos, que estão pormenorizados nesses trabalhos. Apenas referimos que para as rochas com grande porosidade (principalmente rochas sedimentares), foram utilizados valores de λ com teor de humidade natural para o cálculo do TP.

Escudo Ucraniano (USh). Foram estudadas cerca de 1200-1300 amostras no seu território (Quadro 1.1).

Tabela 1.1. ^{0}Condutividade térmica das rochas cristalinas do Escudo Ucraniano (em W/m C)

Raça	Blocos da sala de controlo					
	А	Б	В	Г	Д	Е
Granito	2,7	2,9	3	2,5	3	
Gneisse e xisto cristalino	2,6	2,5	2,5	2,9	2,9	2,3
Migmatite e rapaquivi	2,2					
Czarnokit	2,1	2,6				
Gabro, anortosite	1,7	2,1			2,5	
Piroxenite	1,8	2,5				
Albitis	2,6					
Enderbit		2,4				
Anfibolito		2,4		2,2		
Quartzito, hornblenda, dolomite, mármore		4,2	3,7	3,7	3	
Basalto			2,5			
sienito	2					
Serpentinite		2,1				
Diorite						1,7
Calcular		2,3				
Ortoclasite			2,8			

A cobertura sedimentar pouco profunda do escudo e das suas vertentes só foi estudada com relativo pormenor em algumas zonas. No total, foram estudadas cerca de 200 amostras [18-20, 29, etc.].

Na parte central do escudo (bloco de Kirovograd) foram estudadas as rochas da cobertura e da crosta de intemperismo com espessura total de 30 a 130 m. .0Excluindo o intervalo de profundidade inferior, onde a crosta de intemperismo e fragmentos de formações cristalinas do subsolo desempenham um papel significativo, o valor médio da condutividade térmica é de cerca de 1,7 W/m C. $^{.0}$Na crosta de meteorização, a condutividade térmica aumenta até 1,9-2 W/m C, e à medida que se torna enriquecida com detritos, aumenta ainda mais.

Na depressão de Boltysh, localizada ao norte, a espessura da cobertura é medida em centenas de metros. $^{.0}$Aqui, foi estudada a condutividade térmica das rochas meso-cenozóicas, que não difere significativamente da estabelecida para formações semelhantes da Bacia do Dnieper-Donets -1,6 W/m C. $^{.0}$A condutividade térmica de xistos combustíveis e basaltos cenozóicos encontrados na depressão é menor - 1,2-1,5 W / m C.

A condutividade térmica das rochas neogénicas-Quaternárias e paleogénicas da parte superior da secção foi estudada nas vertentes noroeste, nordeste e sul do escudo. $^{.0}$Esta varia entre 1,2 e 1,7 W/m C e depende principalmente da sua porosidade e humidade natural. $^{.0}$Na vertente ocidental, aparece na secção uma camada de giz (idade cretácica) com uma condutividade térmica elevada (cerca de 2,1 W/m C).

Depressão do Dnieper-Donets. No total, foram estudadas cerca de 1300 amostras [2, 29, etc.]. Doravante, os números entre parêntesis correspondem ao número de amostras em grupos de rochas.

$^{.0}$As areias e arenitos do Cenozoico-Cretáceo (12) têm um λ médio de 1,65 W/m C. ^{0}De acordo com [29], os arenitos mesozóicos (10) - 2,1 W/m C. $^{.0}$As argilas mesozóicas (23) são 0,87 sem hidratação e 1,65 W/m C com hidratação. $^{.0}$Outra série de determinações (30) - λ médio de cerca de 1,4 W/m C. $^{.0}$De acordo com [29] (35) - cerca de 1,35 W/m C, com humidificação claramente insuficiente. Rochas terrígenas cenozóicas em geral (argilas, margas, margas, areias humedecidas) (40) - 1,65. $^{.0}$W/m C.

$^{.0}$Os valores médios para as diferenças estratigráficas são: Cenozoico - 1,65, Cretáceo - 1,85, Jurássico - 1,5, Triássico - 1,65 W/m C.

Foram estudados λ especialmente pormenorizados (cerca de 1000 amostras) de rochas carboníferas [2, 29, etc.]. Foram construídos histogramas para lodos, siltitos e arenitos, com várias centenas de amostras para cada tipo de rocha. $^{.0}$Como resultado, a condutividade térmica média efectiva das rochas carboníferas (uma mistura de 80% de lodos e siltitos, 20% de arenitos e uma quantidade insignificante de calcários) foi de 1,9 W/m C. $^{.0.0}$O valor da condutividade térmica do sal (o próprio sal tem λ de cerca de 5-6 W/m C) tendo em conta a sua "contaminação" com rochas terrígenas é de cerca de 4,1 W/m C.

$^{.0}$Rochas menos estudadas do Permiano (são incluídos dados sobre numerosas pequenas camadas de sal nas rochas) e do Devónico terrestre - 2,25 e 2,5 W/m C, respetivamente.

Donbass. Na região, foi estudado o número máximo de amostras da Ucrânia (principalmente por organizações de produção do Ministério da Geologia da Ucrânia) - cerca de 5000 [2, 29, etc.]. No entanto, algumas delas foram estudadas utilizando métodos e equipamentos de qualidade inferior (como resultado, foram obtidos valores muito diferentes dos restantes e entre si), pelo que foram consideradas cerca de 4000 determinações. Naturalmente, a quantidade máxima de dados caracteriza as rochas do Carbonífero. Para elas foram construídos histogramas de distribuição λ das principais variedades de lodos, siltitos, arenitos e calcários de diferentes partes da região. $^{.0}$O λ médio efetivo é de cerca de 2 W/m C. No entanto, os valores calculados para áreas localizadas de Donbass foram utilizados para cálculos de TP, na determinação dos quais foi tida em conta a quantidade relativa de arenitos na secção penetrada pelos furos de sondagem. A anisotropia λ das rochas carboníferas no interior do anticlinal principal com estratos de mergulho acentuado também foi tida em conta.

A condutividade térmica das rochas da cobertura **Meso-Cenozóica** e Devoniana no Donbas não difere visivelmente da estabelecida no DDV. $^{.0}$O valor de λ das rochas do Permiano é ligeiramente superior - 2,4-2,5 W/m C

Crimeia e na plataforma setentrional do mar Negro [2, 29, etc.]. No total, foram estudadas cerca de 600 amostras. As rochas terrestres de idade terciária foram estudadas em pormenor comparativamente (100), e foi construído um histograma da distribuição de λ. ^{0}Obteve-se um valor modal de 1,5 W/m C.

^{0}Os calcários do Cretáceo foram estudados em 200 amostras, foi construído um histograma, o valor modal da condutividade térmica é de 2,3 W/m C. ^{0}Os calcários do Terciário (tendo em conta a porosidade e o teor de humidade) (50) - 2,3 W/m C praticamente não diferem deles. ^{0}Os calcários do subsolo paleozoico são pouco estudados (10) - 2,8 W/m C. ^{0}As margas do Cretáceo e do Terciário (60) caracterizam-se por um valor médio de λ de 1,9 W/m C.

^{0}Argilitos e siltitos do Cretáceo (60) - valor médio de cerca de 2 W/m C. ^{0}Argilitos, siltitos e arenitos do Jurássico, Triássico e Paleozoico (60) - 2,5 W/m C.

^{0}Os tufos de idade cretácica foram investigados num pequeno número de amostras (10) - média λ=2,1 W/m C.

^{0}A parte superior da secção na plataforma é representada por sedimentos não consolidados com condutividade térmica muito baixa - cerca de 0,8-1,2 W/m C. São estudados sob a forma de amostras retiradas de tubos de solo com preservação da humidade natural. No total, foram estudadas cerca de 50 amostras.

Monoclina do Sul da Ucrânia. Nesta região, a condutividade térmica das rochas é pouco estudada (menos de 100 amostras). Nas partes cenozóica e mesozóica (cretácica) da secção, os valores λ não diferem dos obtidos na Crimeia e na vertente sul do Escudo Ucraniano (ver acima). ^{0}As rochas paleozóicas (alcançadas por perfuração na calha de Prydobrudzha) têm uma condutividade térmica significativamente mais elevada - 2,2-2,6 W/m C.

A placa Volyno-Podolsk e a calha Paleozóica de Lviv. Aqui, as amostras da cobertura Meso-Cenozóica (100), cuja condutividade térmica não difere da estabelecida na vertente ocidental do Escudo Ucraniano (ver acima), foram estudadas em pormenor comparativamente. A condutividade térmica das rochas terrestres paleozóicas foi estudada em cerca de 30 amostras. .^{0}Em média, é de 2,35 W/m C [29 et al.]

.^{0}A condutividade térmica dos calcários e dolomitos paleozóicos (30) é um pouco mais elevada, com uma média de 2,75 W/m C.

região dos Cárpatos. O seu estudo da condutividade térmica é extremamente desigual [2, 29, etc.]: as rochas das calhas do Pré-Cárpato e do Transcarpático são principalmente estudadas, enquanto os Cárpatos dobrados são representados por um número limitado de amostras de vários furos de sondagem. No total, foram efectuadas cerca de 250 determinações de λ.

.^{0}A condutividade térmica média de argilas mal compactadas, lamas, siltitos e (em pequenas quantidades) calcários das calhas de Predkarpattya e Transcarpathian (60) é de 1,8 W/m C. .^{0}Calcários compactados, lamas, xistos e arenitos do Meso-Cenozoico das calhas têm uma média de λ = 2,4 W/m C (30). .^{0}Arenitos densos do flysch do Cretáceo-Paleogénico na zona do impulso dos Cárpatos dobrados na Calha Precarpática: λ = 2,6 W/m C (50). .^{0}Rochas vulcanogénicas do Neogénico da Transcarpática (60) - 1,9 W/m C.

.^{0}Nos Cárpatos Dobrados, as variedades argilosas de rochas flysch são caracterizadas por um valor médio de condutividade térmica de cerca de 2,3, arenitos - até 3,4 W/m C (60).

1.3. Alteração da condutividade térmica das rochas sob a influência da temperatura e da pressão

A necessidade do conhecimento da condutividade térmica das rochas da crosta profunda e do manto superior para os cálculos de TP e T é óbvia. Esta informação é principalmente necessária para a construção de modelos térmicos profundos. Por conseguinte, a consideração desta questão neste capítulo é um pouco artificial, uma vez que as relações reveladas não foram muito utilizadas para estimar as condutividades térmicas utilizadas nos cálculos de TP de furos de sondagem. Uma exceção, em princípio, poderia ser os cálculos em algumas áreas dos Cárpatos Dobrados e da USH.

Atualmente, já foi acumulado algum material sobre as alterações no λ das rochas em função da composição, pressão (p) e temperatura. De seguida, tentamos resumir esta informação para as camadas da crosta e os topos do manto para diferentes condições de PT. São utilizadas informações da literatura [29-32, 35, 37, 39, 41, 45-47, 49, 50, 52, etc.] e alguns dos resultados dos próprios autores.

$_{123456}$Foram analisados os dados relativos às seguintes camadas: sedimentar (λ), vulcanogénica-sedimentar (λ), granítica (λ), de transição (λ), basáltica (λ) e rochas do manto superior (λ). As ideias sobre a composição destes horizontes são baseadas nos trabalhos [3, 4, 8-10, etc.].

O material recolhido para cada uma das camadas é bastante diferente em termos de exaustividade das recolhas, temperatura e intervalos báricos de investigação. As experiências individuais, que permitem considerar independentemente os efeitos de T e P, mostram que a soma dos efeitos de T a P normal e dos efeitos de P a T normal não corresponde inteiramente aos resultados obtidos por uma alteração gradual concertada de T e P, ou seja, os efeitos não são aditivos. No entanto, atualmente, só é possível ter em conta os dois factores utilizando dados de experiências separadas.

A relação entre λ e P, mesmo à temperatura normal, é ainda mal compreendida, pelo que as conclusões que se seguem poderão ser revistas no futuro.

A conhecida influência significativa da temperatura na condutividade térmica requer uma determinação preliminar do regime térmico da subsuperfície, para a qual é calculada a variação de λ com a profundidade. É desejável obter a distribuição de T sem cálculos geotérmicos, que inevitavelmente incluem as propriedades térmicas do meio. Esta oportunidade é proporcionada pelos dados do geotermómetro [6, etc.]. Atualmente, estes dados são obtidos em todos os continentes, exceto na Antárctida, e são suficientemente representativos. Entre as variedades identificadas de regimes térmicos há dois polares: plataforma fria e geossinclinal quente (no Pré-Cambriano - protogeossinclinal). A variante de alta temperatura é provavelmente predeterminada: atinge temperaturas de fusão parcial na parte média da crosta para rochas de metamorfismo anfibolítico, na parte inferior - para granulitos básicos, no manto superior - para pirolitos do manto (Fig. 1.3). [33]A pressão em todos os casos foi considerada como litostática, e na crosta aumentou com a profundidade de acordo com a sua densidade média - 2,8 g/cm, no manto - 3,33 g/cm (a espessura da crosta foi assumida como média de acordo com os dados GSZ para muitas regiões - 42 km).

Influência da pressão. Os autores conhecem os resultados de apenas cerca de 20 experiências em que a condutividade térmica foi determinada na gama de pressões até 1 GPa e mais. São também conhecidos os dados de cerca de 50 experiências para pressões comparativamente baixas até 0,30,6 GPa. Foram estudadas amostras de granitos, charnokites, gneisses, piroxenites e forsterite. As alterações em λ são bastante diferentes, é difícil estabelecer se são afectadas por peculiaridades individuais das formações estudadas ou se revelam caraterísticas de grandes classes de rochas. Por isso, foi decidido limitarmo-nos, ao nível de investigação alcançado, à construção de uma dependência geral da variação relativa de λ com a pressão. $_{00}$Esta média de todos os dados conhecidos (exceto os dados sobre o agregado monomineral de forsterite, para o qual $\lambda r/\lambda$ cresce um pouco mais - até 1,33 λ por 1 GPa) foi utilizada para ter em conta a pressão em todas as camadas.

$_0$A dependência obtida pode ser representada como uma relação direta λr/λ com a profundidade (H - em 10 km):

$_{p0}{}^{2}\lambda = \lambda\,(1{,}04 + 0{,}06N - 0{,}005N\ )$

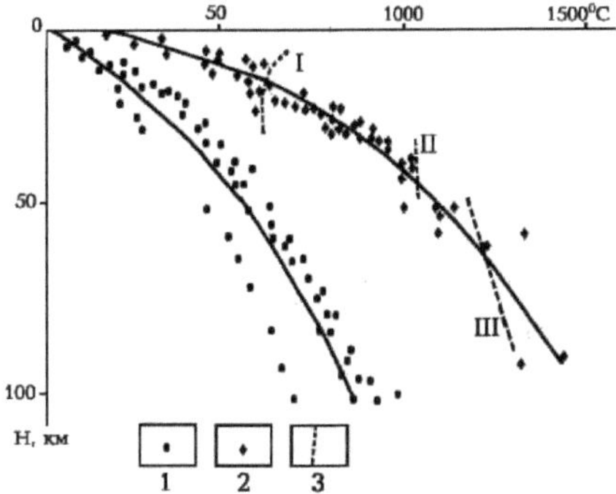

Fig. 1.3. Distribuições de temperatura a partir de dados geotermométricos sob a plataforma (1) e o geossinclinal alpino (2) comparadas com as temperaturas de solidus das rochas da crosta (I e II) e do manto (III).

$_0$É de notar que a variação de $\lambda p/\lambda$ no intervalo de profundidade 0-5 km não obedece à fórmula acima.

É significativamente mais intenso. No entanto, na maior parte das situações reais, pode assumir-se que, para profundidades tão pouco profundas, λ difere pouco do obtido em condições normais. $_{p0}$Se necessário (no caso de um gradiente geotérmico anormalmente elevado), a influência da pressão a profundidades de 0-5 km pode ser tida em conta sob a forma $\lambda = \lambda\,(1 + 0{,}14H)$

Influência da temperatura. ^{0}A condutividade térmica a diferentes T e à pressão atmosférica foi determinada para cerca de 250 amostras de rochas de composição diferente, recolhidas em diferentes regiões da CEI e de outros países, nas gamas de temperatura de 20-200 a 20-1200 C. Para algumas das rochas estudadas foram atingidas temperaturas de solidificação. Para algumas das rochas estudadas foram atingidas temperaturas de solidificação.

Tabela 1.2. Condições PT adoptadas para a litosfera e a relação de λ com P

Profundidade, km	Pressão, GPa	$\lambda p/\lambda 0$	Temperatura, °C	
			Mínimo	Máximo
5	0,14	1,07	80	260
10	0,28	1,10	160	480
15	0,42	1,12	240	640
20	0,56	1,14	300	740
30	0,84	1,17	420	910
40	1,12	1,20	520	1040
50	1,43	1,21	600	1150
60	1,76	1,22	670	1240
70	2,09	1,23	720	1320

A relação entre a condutividade térmica e a temperatura é complexa; quando se atinge um certo grau de aquecimento na maioria das rochas, a condutividade térmica diminui e depois aumenta. No entanto, as condições PT em ambas as variantes da distribuição da temperatura em profundidade para as rochas da maioria das camadas são tais que o efeito do crescimento de λ com o aumento de T não é alcançado. Por conseguinte, esta caraterística importante do comportamento da condutividade térmica não é considerada a seguir.

O tratamento dos resultados experimentais para obter as dependências regionais e generalizadas de λ em relação a T para as camadas da crosta envolve um certo número de dificuldades causadas por informações incompletas. Nem todas as suas partes (relativas a condutividades térmicas altas e baixas na amostra para uma camada, temperaturas altas e baixas) estão igualmente representadas. Como resultado, o processamento que assume o mesmo peso de todos os pontos no sistema de coordenadas λ e T pode levar à distorção das dependências reais. Na prática, esta dificuldade de processamento foi expressa da seguinte forma. O λ mais baixo foi obtido para amostras da Sibéria. Para os mesmos dados, foi investigada a gama de temperaturas máximas (mais de 600-800°C). Na região de alta T, onde os dados para outras regiões não estão disponíveis, a informação sobre a Sibéria torna-se decisiva, a curva de generalização para a camada aproxima-se da regional para a Sibéria. Acontece que a forma da curva de generalização difere da forma de todas as curvas regionais; mostra uma mudança mais acentuada em λ com T. Este efeito foi especialmente pronunciado ao construir curvas de generalização para as camadas de granito e de transição. Neste caso, parece lógico corrigir a forma das curvas regionais.

Também são prováveis distorções menos intensas das curvas de generalização para outras camadas durante a transição de baixa T para alta T. ·[0]Por conseguinte, deve considerar-se que os erros na construção das curvas de generalização atingem décimas de W/m C e que os pormenores da sua forma não podem ser estudados a partir do material disponível. Assim, é possível utilizar tipos simplificados de ligação entre λ e T.

Neste sentido, as curvas regionais são mais fiáveis e devem ser aproximadas por funções que descrevam todos os pormenores identificados da forma da curva.

Modelo da condutividade térmica da crosta e do manto superior. Os resultados do cálculo de λ, tendo em conta a influência de T e p, são apresentados na Fig. 1.4 para as duas variantes da distribuição da temperatura em profundidade. A seguinte distribuição das camadas crustais é convencionalmente aceite: 0-5 km - sedimentar, 5-10 km - vulcanogénico-sedimentar, 10-20 km - granítico, 20-30 km - transicional, 30-42 km - basáltico. Podemos observar uma diferença acentuada no comportamento de λ com a profundidade para os modelos de temperatura, bem como um aumento gradual de λ com a profundidade na crosta consolidada. Provavelmente, em condições naturais, a mudança de composição não ocorre de forma tão acentuada e as mudanças de profundidade da condutividade térmica são mais suaves.

É útil determinar as caraterísticas médias dos topos da crosta e do manto. $_{\Sigma ii}{}^{-}$ ^{1}Eles foram calculados da seguinte forma: $\lambda = (\Sigma\ (N/\lambda))$, onde Ni *é a* espessura relativa da camada no pacote. $_{1\text{-}51\text{-}6}$Obtemos λ =2,3 e 1,95 W / m .0 C para os dois modelos térmicos, λ =2,5 e 2,2, respetivamente, quando as rochas do manto até 70 km são incluídas no cálculo.

Deve notar-se que, no caso da variante de alta temperatura da secção, a condução de calor por convecção (que só foi considerada até agora) é complementada pela condução de calor por convecção nas camadas de fusão parcial. A sua localização na secção e a sua potência são evidentes na Fig. 1.3. A avaliação do critério de Nusselt para condições prováveis de convecção (sublinhamos que estamos a falar de avaliação, para um cálculo mais razoável é necessário considerar o processo convectivo em detalhe) permite-nos determinar um aumento da condutividade térmica efectiva por um fator de 1,7 em comparação com a condutiva.

$^{.00}$Nas partes fundidas do granito e nas camadas de transição, o λ atinge 2,6 e 3,5 W/m C, respetivamente, e na camada parcialmente fundida do manto (até 70 km) 4,5 W/m C. A influência da camada de baixa potência de fusão parcial no "basalto" pode provavelmente ser desconsiderada no carácter estimativo dos cálculos. $^{.0}$Com a componente convectiva, a condutividade térmica efectiva da crosta na variante quente será a mesma 2,3 W/m C que na variante fria. $^{.0.0}$A condutividade térmica dos horizontes superiores do manto é de 3,3 W/m C, e de todo o intervalo de profundidade em consideração (0-70 km) - 2,6 W/m C.

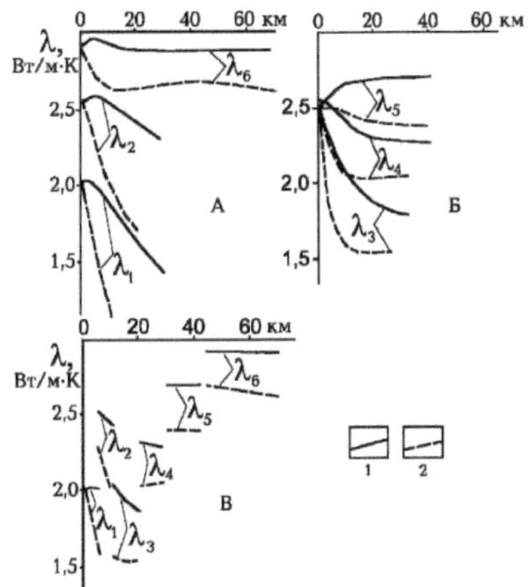

Fig. 1.4 Distribuição da condutividade térmica nas camadas da tectonosfera sem ter em conta (A, B) e com ter em conta (C) a potência das camadas.

1 - variante fria, 2 - variante quente.

Não decorre da concordância obtida da média λ. para as variantes quente e fria que todas as distribuições intermédias de T conduzam aos mesmos resultados.

Uma ligeira diminuição da temperatura em relação à variante quente adoptada conduzirá ao desaparecimento das zonas de fusão parcial, ou seja, da componente convectiva.

Não haverá um aumento correspondente na componente condutora, uma vez que T permanecerá ainda muito mais elevado do que na variante fria. Portanto, é provável que haja uma diminuição notável na condutividade térmica média das rochas a profundidades de 0-70 km. Naturalmente, os valores de λ. continuarão a ser superiores aos da variante quente sem ter em conta a componente convectiva. [0.0.0]Portanto, podemos esperar que λ da crosta diminua para 2,0-2,1 W/m C, do manto - para 2,7-2,8 W/m C, e do valor médio no intervalo 0-70 km - para 2,3 W/m C. Provavelmente, estas diferenças em relação às estimativas acima não excedem significativamente a precisão dos cálculos.

Os valores calculados de λ podem ser sujeitos a controlo por dados independentes sobre o fluxo de calor e a geração de calor na crosta. Tal verificação parece fiável apenas para a crosta, onde a componente instável em ambas as variantes pode ser considerada pouco significativa (no geossinclinal, o seu valor muda acentuadamente durante 20-30 Ma perto do máximo do fluxo de calor; foi calculada a média porque os dados do geotermómetro calculavam a média das temperaturas deste período).

A condutividade térmica média da crosta é calculada dividindo o fluxo de calor médio pelo gradiente geotérmico médio (determinado pela diferença de temperatura entre o teto e a cave). [0]Esta última é de 1,275 e 2,575 C/km para as variantes fria e quente. [22]O fluxo médio de calor na plataforma pré-cambriana é de 45 mW/m , no geossinclinal alpino - 75 mW/m . [22.0]A parte produzida pelo decaimento radioativo na crosta da nossa estrutura adoptada é de cerca de 30 mW/m . Assim, o fluxo médio na crosta é de 30 e 60 mW/m , o que corresponde a uma condutividade térmica média de 2,35 W/m C. Obviamente, o teste foi bem sucedido.

Em conclusão, a tarefa de determinar o λ das rochas da crosta e do manto superior sob condições de RT na subsuperfície não pode ser considerada 26

finalmente resolvido. As experiências individuais sobre o efeito coordenado na condutividade térmica de p e T (o gradiente geotérmico adotado nas experiências correspondia aproximadamente ao cenário frio considerado por nós) mencionadas no início demonstram λ significativamente maiores para rochas da camada granítica do que os obtidos por nós [30, 31]. $_0$Para valores próximos de λ em profundidade 1,5 vezes superiores, há um aumento *de 30%* na condutividade térmica, enquanto os nossos cálculos mostram uma diminuição de 20%. $_0$Por outro lado, os dados sobre a forsterite para a mesma variante da secção de temperatura revelam uma invariância prática de λ a profundidades de cerca de 36-60 km em relação a λ , o que concorda bem com os nossos dados para as rochas do manto. Para a forsterite, também é possível uma variante quente, mas apenas em condições de RT crustal. 0A redução observada de λ da ordem dos 10-15% está de acordo com os nossos cálculos. Em geral, o trabalho efectuado permitiu-nos delinear as principais regularidades das mudanças na condutividade térmica das rochas da crosta e do manto superior ao nível alcançado do seu estudo. O aperfeiçoamento será ligado, em primeiro lugar, ao desenvolvimento de experiências em que as amostras são submetidas a um efeito coordenado de pressão e temperatura.

.6 0.3Note-se que a capacidade calorífica volumétrica das rochas litosféricas, de acordo com os poucos dados disponíveis, aumenta da parte superior da crosta (sedimentos consolidados) para a parte média de 2,5 para 4,2 10 J/C m e mantém-se a este nível nos horizontes superiores do manto. .-72Por conseguinte, a difusividade térmica média pode ser estimada em cerca de 7 10 m /s.

Para as rochas da parte consolidada da crosta da Ucrânia, as estimativas individuais da condutividade térmica em função da profundidade [30-32 e outros] podem ser feitas de forma mais ou menos razoável apenas para a camada de granito. .0Provavelmente, para toda a sua espessura (0-15 km), devemos assumir λ = 2,65 W/m C para a variante fria da secção. .0Para a variante quente, λ diminuirá em cerca de 0,4 W/m C até ao fundo da camada. As rochas de outras camadas são representadas por uma pequena quantidade de dados.

1.4. Cálculo do fluxo de calor

Numerosos trabalhos, incluindo os dos autores [17, 19, 29, etc.], foram dedicados ao cálculo da TP com base nos resultados da determinação do gradiente geotérmico e da condutividade térmica das rochas em intervalos de profundidade individuais percorridos por furos de sondagem. A técnica destes cálculos, no caso da sua utilização no território da Ucrânia, não difere da geralmente aceite. Ao determinar a TP utilizando o gradiente médio entre o fundo do poço e a superfície, a exatidão do conhecimento da temperatura (média anual) da superfície desempenha um papel significativo.

[0]Este último foi estabelecido com base em dados de uma rede de estações meteorológicas, o que tornou possível determinar a T0 em todo o território, mas apenas para um tipo de cobertura de superfície e com uma pequena precisão - cerca de 0,51,0 C. Quando se trabalha com dados de T no fundo do poço em poços profundos (1000 m e mais), este erro é aceitável (em muitos casos é inferior ao erro de medição da temperatura no fundo do poço - ver acima). O erro real na determinação do gradiente geotérmico em poços profundos não excede, em média, alguns por cento.

Para poços pouco profundos (várias dezenas de metros de profundidade) são necessárias informações mais precisas. Estas são obtidas a partir dos resultados de estudos especiais efectuados em furos pouco profundos nas regiões relevantes da Ucrânia. Nesses estudos, foram efectuadas medições a profundidades abaixo da camada de flutuações sazonais de T e a distribuição de profundidade obtida foi extrapolada para a superfície, se necessário, tendo em conta as alterações na condutividade térmica.

O exemplo mais completo da utilização desta abordagem é o estudo da TP na parte central do Escudo Ucraniano, onde as temperaturas de fundo de poço foram determinadas em 1500 poços com 30-130 m de profundidade. Com base em dados meteorológicos na região delimitada pelas coordenadas 49°00-47°40' N e 32°00 -33°20' E, foi estabelecido um tipo bastante simples de tendência "global" de T0 (Fig. 1.5): To = 9 - k ((f - 49) - 0.25 (d - 32)), onde f e d são latitude e

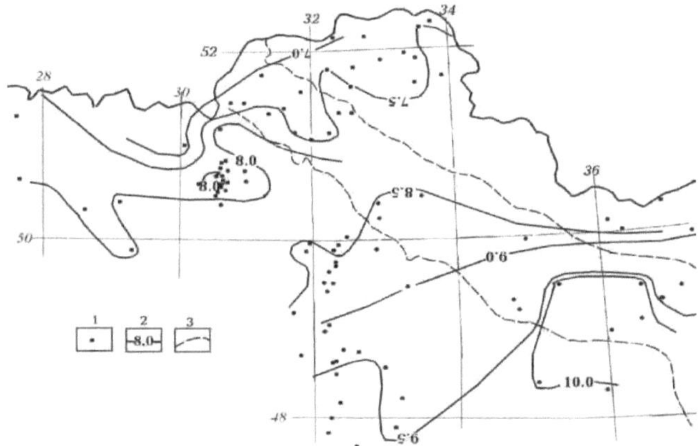

Figura 1.5: Distribuição da temperatura à superfície no noroeste da Ucrânia.

$_0$1 - pontos de definição, 2 - isolinhas T , 3 - contorno DDS. longitude do ponto $_{T0}$, k - 1°C/°coord . O desvio médio dos valores de T0 nas estações meteorológicas (disponíveis apenas na parte norte da área mostrada na figura) em relação à tendência global é de cerca de 0,05°C.

A distribuição obtida foi monitorizada e complementada com dados de poços. As dependências do T de fundo de poço em relação à profundidade de medição foram traçadas para 30 locais. Para obter cada uma delas, foram utilizadas medições em muitas dezenas de pontos. Os T0s estabelecidos por extrapolação para a superfície (utilizando o método dos mínimos quadrados) confirmam a tendência global na parte norte da região e não correspondem a ela na parte sul. Provavelmente, neste último caso, estamos a lidar com o campo T0 regional, que deve ser construído e utilizado separadamente. Na fronteira das duas zonas, foram tomados os valores médios de T0 (ver Fig. 1.5).

Ao extrapolar as distribuições de T no fundo do poço em locais individuais para a superfície, foram também detectadas anomalias locais de TQ na parte norte da região (ver Fig. 1.5). Estas últimas estão relacionadas com o facto há muito estabelecido da descida de T0 na floresta. Estas perturbações foram tidas em conta nos cálculos posteriores. É possível que anomalias semelhantes também estejam presentes nas áreas onde não foi possível construir uma distribuição qualitativa das temperaturas de fundo de poço por profundidade. Nesse caso, T0 será determinado com um grande erro, mas tal perigo existe apenas num número limitado de locais e é parcialmente eliminado em cálculos subsequentes.

A condutividade térmica média efectiva das rochas foi utilizada para calcular o gradiente médio no intervalo de profundidade desde o fundo do poço até à superfície. Foi calculada a partir da descrição da secção do furo, e os valores médios de λ estabelecidos para estas rochas na região foram atribuídos a diferenças litológicas e estratigráficas. A eficácia desta abordagem foi comprovada pela comparação dos resultados de uma das regiões mais estudadas da Ucrânia em termos de condutividade térmica - a depressão Dnieper-Donets [19]. Em várias dezenas de poços, onde a distribuição da temperatura ao longo do furo foi determinada após um assentamento suficiente e a condutividade térmica foi determinada pelo número máximo de amostras, a TP foi calculada utilizando o λ "local" e a média regional. Neste último caso, a convergência dos resultados intervalares duplicou e os valores médios não diferiram praticamente. De acordo com estes dados, podemos afirmar que o erro no valor da TP, introduzido pela determinação incorrecta da condutividade térmica, não excede alguns por cento em condições experimentais reais nas bacias sedimentares da Ucrânia. Para estudos em furos de sondagem que penetraram em rochas cristalinas, o erro é claramente mais elevado e é difícil de o estimar. Esta observação não se aplica à esmagadora maioria das determinações de TP no Escudo Ucraniano [15]: aqui, as rochas da camada sedimentar de baixa espessura desempenharam o papel principal no cálculo do λ efetivo médio.

Não há dúvida que, em princípio, existe o problema de ter em conta a influência das condições naturais (temperatura e pressão) no valor de λ a profundidades reais dos estudos geotérmicos em furos de sondagem. Trata-se de rochas de camadas sedimentares, sedimentares-volcanogénicas e graníticas. Efeitos visíveis (uma variação de 10% ou mais) são possíveis para a variante quente da secção a profundidades superiores a 3 km (Fig. 1.4). Nas duas primeiras camadas de cima, o efeito considerado sobrepõe-se ao crescimento intensivo da condutividade térmica da rocha com a profundidade devido a um aumento do grau de catagénese. Os sedimentos visivelmente compactados e mineralizados correspondentes às profundidades de 3-6 km (os efusivos não desempenham um papel significativo na composição da camada vulcanogénica-sedimentar às profundidades consideradas nas condições da Ucrânia) são menos afectados pelas condições PT do que os soltos. Em qualquer caso, o efeito correspondente não foi registado sob a forma de alterações intervalares no TP na única bacia sedimentar com uma secção quente e profundidade suficiente dos poços estudados na área de estudo - nos Cárpatos Dobrados.

As observações na camada de granito a estas profundidades foram feitas apenas num poço na Ucrânia - o poço superprofundo de Krivoy Rog - obviamente em condições de secção fria.

Os dados apresentados no capítulo permitem-nos afirmar que as técnicas utilizadas e o material experimental envolvido tornam possível alcançar o erro habitual na geotermia mundial na determinação do valor observado de TP - cerca de 5-10%. Esta conclusão é confirmada pela comparação dos resultados obtidos em várias dezenas de poços em todas as principais regiões da Ucrânia, onde o fluxo de calor foi determinado utilizando diferentes técnicas.

1.5. Introdução de correcções do fluxo de calor

O valor calculado de TP está sujeito a inúmeras distorções sob a influência de processos na zona próxima à superfície. No entanto, para a construção de modelos térmicos da subsuperfície, é necessário um fluxo corrigido, que chamaremos de fluxo de profundidade - GTP (doravante nos referiremos a esse parâmetro). A sua determinação requer a introdução de numerosas correcções, algumas das quais são brevemente discutidas abaixo. Informações mais completas são dadas em [16 e outros].

1. Em primeiro lugar, trata-se de uma correção para o paleoclima, ou seja, para a diferença entre a temperatura da superfície passada e a atual. Naturalmente, o seu valor varia com a profundidade e a duração do período de contabilização do clima de épocas passadas. Na prática, para os furos mais profundos (até 6 km) é suficiente ter em conta as variações da temperatura à superfície nos últimos 1,2 milhões de anos. A exatidão da correção foi verificada no escudo, onde a influência dos transbordamentos de águas subterrâneas é insignificante. Com uma correção correta, o valor de TP a todas as profundidades deve ser constante dentro do erro. Este resultado foi alcançado. Foi demonstrado que as correcções em poços pouco profundos podem alterar o TP em dezenas de por cento.

2. Os efeitos hidrogeológicos são representados por toda uma família de correcções que têm em conta o transporte de calor na camada próxima da superfície da crosta terrestre pelo movimento da água, incluindo uma componente vertical. Estes incluem anomalias da temperatura à superfície (em particular, devido ao aumento da evaporação do espelho de água subterrânea pouco profunda), que deslocam todo o termograma durante longos períodos de tempo. Distorções significativas podem estar associadas à infiltração de água meteórica. Em poços pouco profundos, atingem 20-70% da TP.

O gradiente é também afetado pelas transferências de água entre aquíferos de baixa pressão, que são geralmente de natureza sazonal. Em áreas de exploração intensiva de aquíferos, pode ser detectada a influência da bombagem (formação de depressões). Nas zonas montanhosas, é muito evidente a diminuição intensiva da temperatura (até à formação de um intervalo de profundidade com um gradiente negativo) nos leitos dos rios subterrâneos. Efeito menos intenso, mas ainda assim por vezes bastante percetível, do movimento das águas subterrâneas através dos aquíferos sob a influência de pressões de reservatório anormalmente elevadas. Anomalias locais muito fortes ocorrem quando a água flui através de zonas de falhas permeáveis.

Todas as influências acima mencionadas só podem ser eliminadas (se alguma delas não for atribuída às anomalias de TP estudadas) se se dispuser de informações sobre os processos correspondentes e de métodos de cálculo desenvolvidos. Estes últimos estão resumidos nos trabalhos dos autores [16, etc.].

3. O efeito estrutural, que é uma concentração de TP em blocos de rochas de condutividade térmica aumentada, é bastante generalizado em áreas com posição não zerada das camadas crustais. Atinge valores significativos (primeiras dezenas de por cento) apenas em dobras pronunciadas (anticlinal principal de Donbass, etc.). Mais frequentemente, o valor das correcções calculadas não excede o erro habitual de determinação do fluxo de calor.

4. Nos Cárpatos Dobrados e na sua fronteira com a Calha Pré-Cárpatos, o efeito de impulsos jovens é notório. É criado por um maciço rochoso com um gradiente vertical de temperatura comum para o período que precede o empuxo, colocado no topo de um maciço autóctone que preserva no primeiro momento a mesma distribuição de T. Noutras regiões, tais transformações jovens estão ausentes e não são introduzidas correcções.

5. Valores bastante significativos podem ser alcançados pela influência da sedimentação rápida jovem, que faz sentido considerar quando se mede a TP através do fundo do mar com uma sonda enterrada (i.e., quando se determina o gradiente geotérmico com base nos primeiros metros). Na prática, estamos a falar do Mar Negro, onde esta distorção pode ser complementada pelo efeito da degradação da camada de hidrato de gás a uma profundidade pouco profunda abaixo da superfície do fundo [5].

Capítulo 2: Distribuição do fluxo de calor em profundidade

2.1. Caracterização geral do estudo

A distribuição dos TPs no território da Ucrânia é considerada de acordo com o esquema tectónico

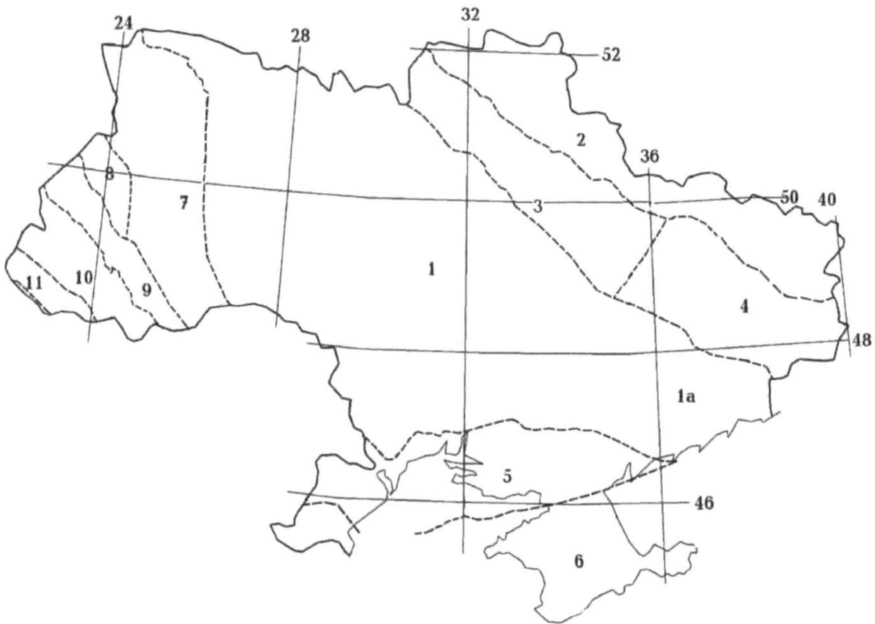

Fig. 2.1. Principais unidades tectónicas do território da Ucrânia.

zoneamento mostrado na Fig. 2.1. Mostra os maciços nos quais a ativação geossinclinal não ocorreu desde o Pré-cambriano: Escudo Ucraniano e seus taludes (1), incluindo o Maciço de Azov (1a), Maciço de Voronezh e seu talude (2), Placa Volyno-Podolsk (7) e Monoclinal Sul Ucraniano (5), Rifte Herciniano da Bacia do Dnieper-Donets (3) e parageossinclinal Herciniano do Donbass (4), um pequeno fragmento da Placa Hercino-Caledónica da Europa Ocidental (8), a Placa Epikimmeriana da Cítia (6) e o geossinclinal alpino dos Cárpatos Orientais, incluindo a Calha Pré-Cárpato (9), os Cárpatos Dobrados (10) e a Calha Transcarpática (11).

A densidade das determinações de TP no território da Ucrânia é extremamente desigual. Uma parte significativa da UCH e das suas encostas, bem como as encostas do maciço de Voronezh, são pouco estudadas. É difícil aumentar a densidade da rede nestas regiões, uma vez que a termometria não está incluída no complexo SIG e existem poucos poços adequados para medições. Mas é necessário fazê-lo, porque não há razão para considerar o fluxo de calor profundo do escudo, do maciço e das suas encostas como baixo e sustentado (como era geralmente reconhecido até há pouco tempo). [22]Nas áreas estudadas em pormenor do Escudo, Kirovograd e Dnieper foram encontradas anomalias de forma complexa, nas quais a TP atinge 70-75 mW/m com um valor de fundo de 45 mW/m. Assim, a direção prioritária da investigação futura é óbvia.

Praticamente todos os valores de TP abaixo foram publicados.

[2]A Ucrânia (área - 600 mil km) ultrapassa todos os países de dimensão comparável ou superior no mundo em termos de densidade média da rede de determinação do fluxo de calor. [2]Aqui está instalada em mais de 13000 furos de sondagem (cerca de 20 determinações por 1000 km). [2]Para comparação: no resto da Europa (cobrindo uma área de cerca de 10 milhões de km) - cerca de 4000 determinações.

As determinações únicas são agrupadas em pontos que diferem em coordenadas por 1' ou mais. Cada um deles contém de 1 a 30 determinações únicas. O número total de pontos de determinação no território da Ucrânia e da plataforma do Mar Negro-Azov é de 5700. Nos trapézios de 20' de latitude x 30' de longitude (37x37 km) - existem apenas 500 deles (uma vez que o mapa abrange a plataforma e pequenos fragmentos dos territórios dos países vizinhos adjacentes à Ucrânia) - de 0 a 258 pontos. Não há definições em 33% dos trapézios. Trata-se principalmente do território do Escudo Ucraniano, das suas encostas, das encostas do Maciço de Voronezh, da parte sul dos Cárpatos Dobrados e da zona da plataforma aquática. No resto do território, o estudo é extremamente desigual. Cerca de metade das determinações foram efectuadas no Donbas.

O próprio procedimento de construção do mapa de fluxo de calor parece não ser trivial atualmente. O facto é que, devido ao habitual fraco conhecimento do TP, esta questão não tem sido considerada na literatura geotérmica (exceto em trabalhos de alguns autores). Os "mapas" de fluxo de calor disponíveis de diferentes regiões não correspondem, de facto, a esta designação. Ao trabalhar com redes de observação relativamente densas no território da Ucrânia, foi necessário formular pelo menos requisitos elementares para a construção de mapas e só depois proceder à sua produção efectiva e descrição no terreno.

[2]Na cartografia geológica, que utiliza inevitavelmente uma rede irregular de observações (afloramentos, sondagens, etc.), o mínimo exigido para a sua densidade é a presença de 1 observação por 1 cm de mapa. As tentativas de justificar a densidade da rede para as cartas TP regionais conduzem aproximadamente aos mesmos valores. Para o território da Europa, parece ser possível construir apenas um mapa à escala de 1 : 5 000 000 (exceto para algumas regiões). Para a Ucrânia, a escala média é definida como 1 : 700 000. Tendo em conta que metade dos pontos se concentram em Donbas, que ocupa menos de 10% do território da Ucrânia, pode ser autorizada a cartografia a uma escala de 1 : 200 000 (para os seus distritos separados - 1 : 50 000 - 1 : 25 000) para esta região, para o resto da Ucrânia - 1 : 1 000 000. Uma distribuição bastante ampla de áreas onde a densidade da rede fora do Donbas é muito inferior à média leva à necessidade de reduzir a escala do mapa para 1 : 2 500 000, o que não permite mostrar algumas das caraterísticas do campo de calor nas áreas mais estudadas.

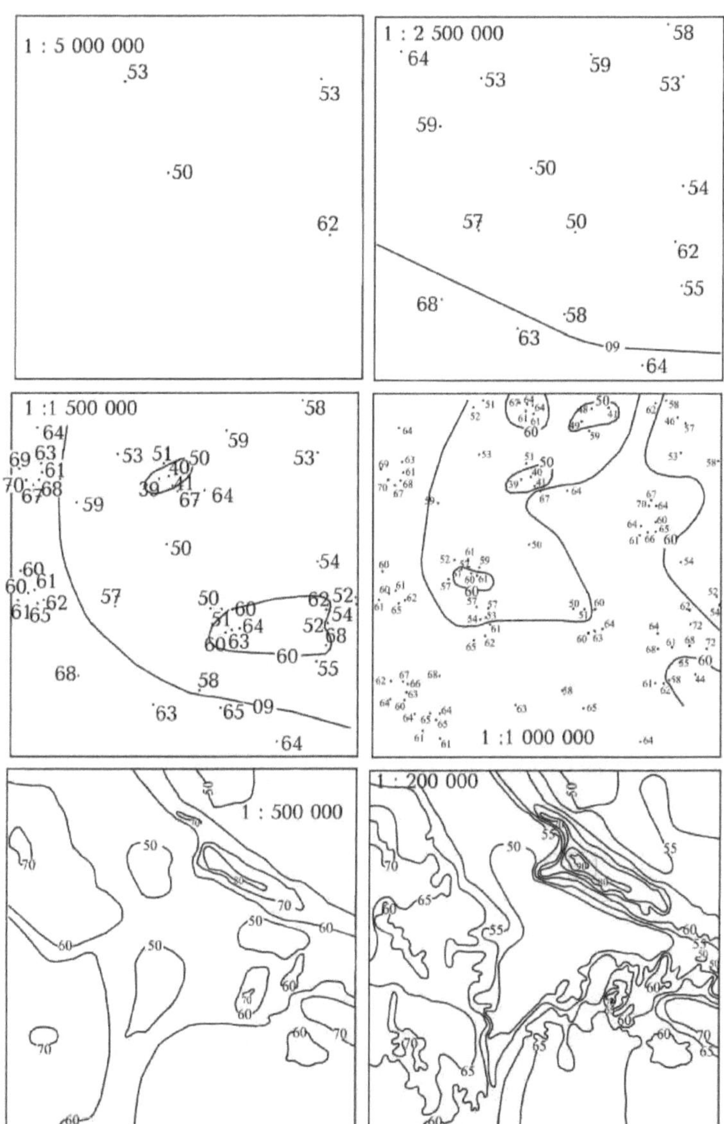

Fig. 2.2. Mapas multiescala de TP profundo na parte central de Donbass no território de 100x100 km.

Por conseguinte, apresentam-se de seguida mapas locais de diferentes escalas para regiões distintas ou partes destas. ^{2}Em todos os mapas, os pontos são pontos de determinações TP individuais ou de grupo, as isolinhas são em mW/m .

O estudo da estrutura do campo TP na Ucrânia permite, na maioria das regiões, distinguir de forma estatisticamente fiável os conjuntos de dados de fundo e anómalos e estimar os desvios-padrão dos valores modais. ^{2}Estes aparecem ao nível de vários mW/m , ou seja, bastante comparáveis com o erro de determinação da TP. ^{2}Por conseguinte, as isolinhas do fluxo térmico em profundidade, efectuadas com um passo superior ao dobro do erro, devem diferir, na maior parte das regiões, de 10 mW/m . Neste caso, reflectirão de forma fiável as anomalias de TP. ^{2}Nalgumas regiões com baixa TP ou rede particularmente densa e baixo erro relativo, é possível traçar isolinhas auxiliares a 5 mW/m . ^{2}Na calha do Transcarpático, com os valores mais elevados de TP, o passo das isolinhas foi duplicado (foram traçadas isolinhas de 80, 100 e 120 mW/m).

O mapa deve refletir as caraterísticas regionais do campo térmico ao nível de estudo alcançado. Existem áreas significativas na Ucrânia onde a densidade média da rede apenas corresponde à escala 1 : 5 000 000. No resto do território podem ser construídos mapas mais pormenorizados. A este respeito, consideremos a questão da escala (densidade da rede), que é suficiente para identificar as caraterísticas regionais da distribuição de TP. É conveniente fazê-lo com base no exemplo de uma parte do Donbass, onde a densidade atual da rede é obviamente suficiente para resolver a tarefa.

A Fig. 2.2 mostra 6 mapas que reflectem as fases reais do estudo de uma parte da região com a dimensão de 100x100 km durante 40 anos. Numa escala de 1 : 5 000 000 (4 definições de TP) é impossível falar de qualquer estrutura do campo poligonal, apenas uma estimativa do valor médio de TP é possível, mas a sua fiabilidade não é clara. Numa escala de 1 : 2 500 000 000 (16 determinações) aparece o primeiro sinal de diferença de TP em partes do polígono: o crescimento do fluxo de calor no seu fragmento sudoeste. À escala de 1 : 1 500 000 000 (44 determinações), revelam-se elementos adicionais de variação regional da TP, para além do aumento, é também visível uma diminuição relativa. Numa escala de 1 : 1 000 000 (100 determinações), as "anomalias positivas" cobrem já uma grande parte do polígono, os valores que pareciam ser valores de fundo a pequenas escalas revelam-se desenvolvidos numa área mais pequena. São visíveis outras "anomalias negativas". A visão geral do padrão de isolinhas, a extensão das anomalias mudou significativamente em comparação com uma escala menor. Uma nova mudança significativa no padrão é observada quando se passa para uma escala de 1 : 500.000 (400 determinações). A intensidade das anomalias positivas aumentou fortemente, a sua extensão predominante e o seu claro confinamento às principais estruturas geológicas do polígono foram determinados.

A passagem para uma escala de 1 : 200 000 (2500 determinações) permite realçar numerosos pormenores do campo (e introduzir isolinhas TP adicionais traçadas a 5 mW/m2), mas não altera a sua estrutura regional. Podem ser construídos mapas mais pormenorizados em locais individuais. Um deles é para um mapa 1 : 200 000 cortado na zona da anomalia máxima

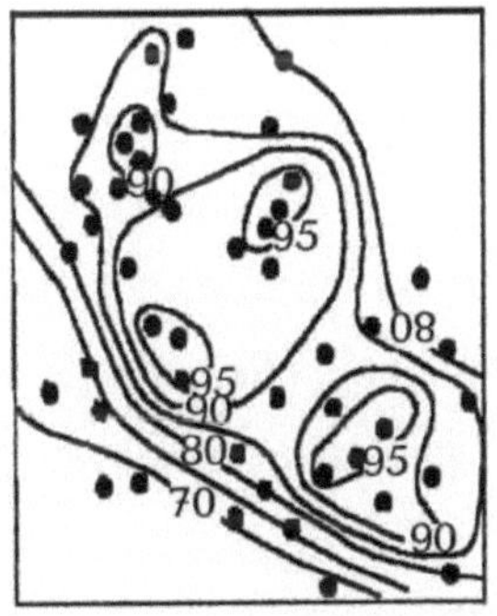

Fig. 2.3. Mapa TP de profundidade da extremidade noroeste do anticlinal principal do Donbass (área de 8x8 km). mostrado na Fig. 2.3. O pormenor do

estudo corresponde à escala de 1 : 50 000. Obviamente, a componente regional (anomalia de ataque noroeste) é preservada. São visíveis os pormenores que indicam a existência de fontes de anomalias perpendiculares à direção principal (nordeste).

[2]Assim, as caraterísticas regionais estáveis do campo de complexidade real são detectadas a uma escala de 1 : 500 000 (densidade da rede - 4 definições por 100 km, ou seja, 2 ordens de grandeza superiores à "média europeia"). A densidade média no território da Ucrânia é duas vezes inferior, tendo em conta a concentração de metade dos pontos em Donbass, podemos falar da fiabilidade da deteção da estrutura principal (regional) do campo apenas em cerca de 30-40% da área.

Os mapas mostram a divisão da Ucrânia em duas grandes regiões com valores de TP de fundo marcadamente diferentes. [22]Estas são a maior parte do UZh, LDV, a vertente do maciço de Voronezh e algumas outras regiões com um valor médio de TP de cerca de 45 mW/m e o território da placa Volyno-Podolsk, a vertente sul do escudo, o maciço de Azov, a monoclina do Sul da Ucrânia, uma parte da placa cita e a vertente do maciço de Voronezh a norte de Donbass com um TP de profundidade médio ligeiramente superior a 50 mW/m . [2]Neste contexto, há anomalias de intensidade 10-45 mW/m da calha pré-carpática, da placa Volyno-Podolsk, da placa cita, do Donbass e da UCH, identificadas com diferentes graus de certeza. [2]No extremo oeste encontra-se a zona de alta TP da região dos Cárpatos, onde se observa o crescimento do parâmetro desde a fronteira da calha pré-carpática com os Cárpatos dobrados até à fronteira da calha transcarpática e a depressão panónica de cerca de 55 a 85 mW/m. [2]E neste "fundo" também se registam anomalias positivas de intensidade 10-45 mW/m.

A única grande perturbação negativa TP foi identificada no noroeste da Ucrânia, perto da fronteira da placa Volyn-Podolsk e da encosta da USH. A anomalia continua no território da Bielorrússia.

2.2. O Escudo Ucraniano, o Maciço de Azov e as suas vertentes

No total, foram estabelecidos cerca de 1800 valores TP únicos na região. Estes valores estão agrupados em 350 pontos. ^{2}Um grau tão elevado de cálculo da média explica-se principalmente pelo facto de cerca de 1500 valores individuais terem sido determinados num território relativamente pequeno (área de cerca de 10-12 mil km) na parte central do escudo, em furos pouco profundos em sítios locais. A densidade média da rede na região, que ocupa cerca de 40% do território da Ucrânia, é pequena. Dada a concentração da maior parte dos dados no centro, é possível considerar inexplorada a maior parte do escudo.

Por conseguinte, só é possível uma avaliação preliminar do campo térmico da região como um todo. O histograma da distribuição de TP no SC revela a mistura de pelo menos dois conjuntos de dados. ^{2}Distingue-se claramente um conjunto de valores de fundo (cerca de 75% de todas as determinações) com um valor modal de 45 e um desvio padrão de 6 mW/m. ^{2}O conjunto de valores elevados mostra uma distribuição que pode ser aproximada com alguma probabilidade por uma distribuição normal com um valor modal de 61 e um desvio padrão de 7 mW/m .

^{2}As isolinhas de TP no mapa (Fig. 2.4) foram desenhadas a 10 mW/m , o que é quase o dobro do desvio padrão do conjunto principal de dados. A falta de exploração levou à necessidade, nalguns casos, de destacar com isolinhas separadas áreas onde apenas se encontram dois pontos com TP diferentes das áreas circundantes. Isto realça algumas caraterísticas do campo, mas também introduz um certo grau de subjetividade. O mesmo se pode dizer da delimitação com isolinhas de um grupo de pontos a uma distância considerável do qual não existem outras definições de TP.

Não se distinguem anomalias negativas fiáveis no interior do escudo. Só no extremo noroeste é que se vê uma parte de tal perturbação, localizada principalmente na placa Volyn-Podolsk.

O mapa do fluxo de calor em profundidade do escudo mostra que as anomalias positivas diagnosticadas de forma fiável (com exceção de vários TP elevados em pontos que gravitam claramente em direção a Donbass, onde os TP estão aumentados em comparação com o escudo numa grande área - ver abaixo) estão concentradas na zona da falha profunda de Kirovograd e nas falhas de intersecção de ataque nordeste (anomalia TP de Kirovograd).

^{2}A anomalia do Dnieper estende-se na faixa nordeste, em algumas partes da qual a TP excede os 60 mW/m .

Observa-se algum aumento relativo do TP na

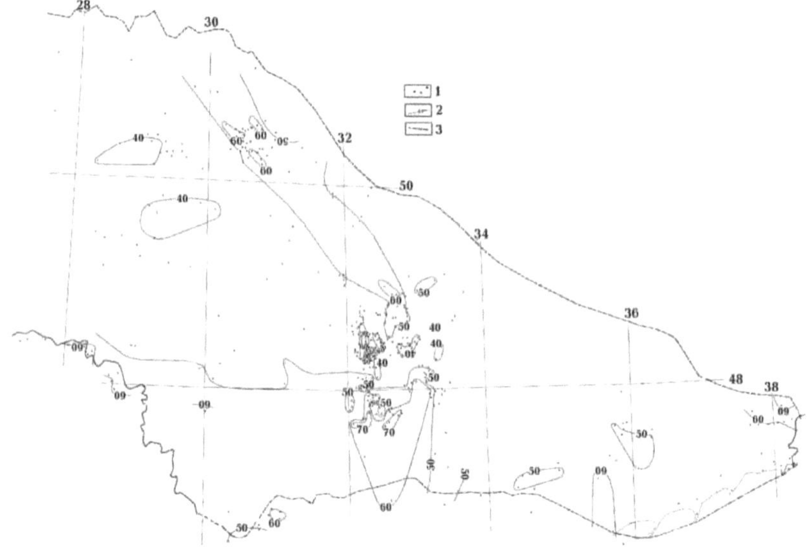

Fig. 2.4. Mapa do fluxo de calor profundo do Escudo Ucraniano.

1 - pontos de medição, 2 - isolinhas TP, 3 - limites da região.

periferia do escudo, onde as anomalias positivas da monoclina do sul da Ucrânia e a parte sul da placa Volyno-Podolsk se aproximam das suas encostas. ^{2}Valores ao nível de 50-52 mW/m são comuns nesta área. ^{2}Nalguns pontos, são encontrados TPs mais elevados (até 65-75 mW/m), indicando possivelmente a existência de anomalias positivas ainda não estudadas aqui.

2.3. Depressão do Dnieper-Donets

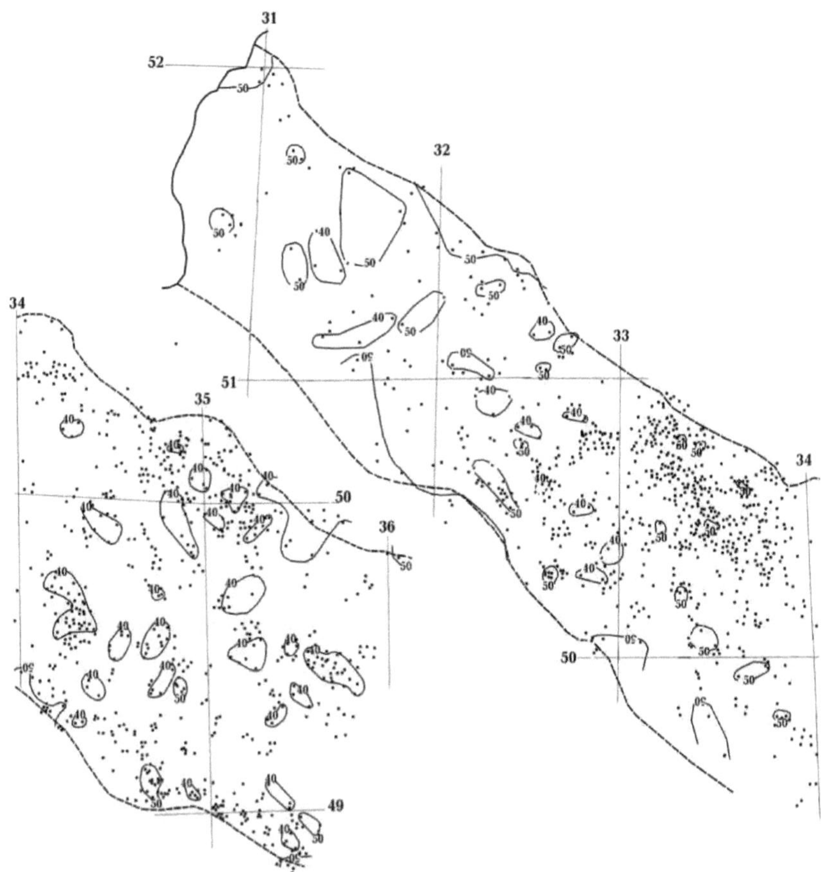

Fig. 2.5. Mapa do fluxo de calor profundo da bacia do Dnieper-Donets.

Ver Fig. 2.4 para a rotulagem.

Na bacia do Dnieper-Donets, foram determinados mais de 2.500 TPs, principalmente nos últimos 20-30 anos. ^{0}A superfície T, de acordo com dados meteorológicos, aumenta de noroeste para sudeste de 6 para 9,5 C. ^{0}A condutividade térmica média é obtida como 1,65-1,67 W/m C quando os furos de sondagem intersectam apenas sedimentos Meso-Cenozóicos. ^{0}Se os sedimentos do Carbonífero e do Permiano estiverem presentes na secção, - 1,67-1,95 W/m C. ^{0}Quando os poços atingem rochas efusivo-sedimentares devonianas contendo camadas de sal, aumenta para 1,95-2,05 W/m C em média. ^{0}Quando parte da secção do furo inclui camadas significativas de sal devoniano, a condutividade térmica média pode atingir 2,2 W/m C.

Para eliminar as distorções próximas da superfície da profundidade TP, foram introduzidas correcções para ter em conta a influência do paleoclima e dos transbordos de água subterrânea. O erro de determinação foi estabelecido comparando os valores médios calculados com os valores apresentados em [18, 29, etc.], onde foram obtidos muitos resultados de poços maduros nos quais foram efectuadas medições de temperatura de alta precisão ao longo do furo, foram recolhidas amostras de núcleo e foi determinada a condutividade térmica. Os resultados da comparação indicam um erro do método utilizado de cerca de 7%.

Na parte noroeste (bacia Desnyanskyi do LDV), o histograma da distribuição de TP da região permite-nos delinear dois conjuntos de dados. ^{2}O primeiro (o maior - cerca de 85% de todos os valores de TP) é caracterizado por um valor modal e um desvio padrão de 45±5 mW/m . Descreve obviamente o fundo. ^{2}O segundo - 55±5 mW/m - refere-se a anomalias positivas. O aumento da TP é observado ao longo dos lados norte e sul. ^{2}Uma cadeia de "anomalias negativas" de TP (inferiores a 40 mW/m) estende-se ao longo da parte central da zona. É caraterístico que as anomalias de TP de ambos os sinais estejam confinadas às zonas de falhas do embasamento cristalino. Pode assumir-se que acima das falhas existem zonas permeáveis nas rochas de cobertura, através das quais as águas subterrâneas sobem (nas anomalias positivas de TP) ou descem (nas "anomalias negativas"). Assim, partimos do princípio que o esquema hidrodinâmico da região próxima das falhas utilizado para introduzir a correção hidrogeológica não descreve com precisão a situação real. ^{2}Sem negar esta possibilidade em princípio, mencionamos que as "anomalias negativas" (com um valor médio de TP de 37 mW/m) diferem do fundo por menos de duas vezes o desvio padrão, e não podem ser consideradas como perturbações identificadas de forma fiável do fluxo de calor da região.

A parte do DDV localizada a sudeste da parte considerada e a zona de transição do DDV para o Donbass estão unidas sob o nome de "bacia de petróleo e gás de Dneprovsky". Dentro dos seus limites, a espessura da cobertura sedimentar paleozóica cresce para sudeste, na mesma direção aumenta o papel da tectónica de cúpula solânica, na parte sudeste é notória a influência do plano estrutural do Donbass.

[22]O histograma da distribuição da TP no noroeste da bacia demonstra o seu carácter próximo do normal para a maior parte do conjunto de dados, com um valor modal de 44 mW/m e um desvio padrão de 2,7 mW/m . [222]Obviamente, não existem anomalias negativas fiáveis na região, enquanto que as anomalias positivas (TP dentro da isolinha de 50 mW/m é em média de 57 mW/m , no máximo 65-67 mW/m) são localizadas e confinadas principalmente às falhas. A influência das falhas parece ser diferente. Provavelmente, o movimento ascendente das águas profundas está principalmente associado a elas, levando a perturbações positivas da TP, mas em algumas áreas a infiltração (mais intensa do que a contabilizada pela correção hidrogeológica) pode prevalecer . Neste caso, ocorrem pequenas depressões da TP.

[00]Na parte central da bacia do Dnieper, na zona delimitada aproximadamente pelos meridianos 33 30'-35, o histograma da distribuição da TP revela um carácter próximo do normal. [22]O valor modal é 43 mW/m , o desvio padrão é 4 mW/m . [22]Por conseguinte, não são registadas anomalias negativas fiáveis, as positivas são representadas por várias perturbações em pequenas áreas com valores médios (dentro das isolinhas de 50 mW/m) de cerca de 51-52 mW/m . [22]No entanto, a nível qualitativo (dentro da isolinha de 45 mW/m o valor médio de TP é de apenas 48 mW/m , ou seja, excede o fundo por apenas um desvio padrão) podemos afirmar a existência de uma anomalia positiva alargada

transversal à depressão Dnieper-Donets na parte ocidental da região. Está localizada no bloco delimitado pelas falhas transversais Zapadno-Inguletskiy e Krivorozhsko-Kremenchugskiy. A zona do lineamento Kishinevskaya estende-se na parte central do bloco [28]. A falha marginal sudoeste do DDS não é traçada no interior do bloco, enquanto a falha nordeste está fortemente dobrada, provavelmente devido a deslocações por falhas transversais relativamente jovens. A anomalia continua a anomalia de Kirovograd estabelecida no Escudo Ucraniano (ver acima).

[0]No sudeste da bacia e na zona de transição para o Donbas, foram traçados histogramas das distribuições de TP para duas áreas de campo térmico claramente diferentes, localizadas aproximadamente a leste e a oeste da linha que liga os pontos com coordenadas 50 N, 37 E e 49 N, 37 E e 49 N, 37 E e 49 N, 37 E e 49 N, 37 E e 49 N, respetivamente. [00]- 37 E e 49 N. [0]- 36 E.

[22]Os valores modais e os desvios-padrão para os conjuntos de dados predominantes nos distritos são 42±5 mW/m e 50±5 mW/m, respetivamente. Observam-se pequenas anomalias positivas em cada distrito; as anomalias negativas não são registadas de forma fiável.

A comparação dos valores de TP determinados por diferentes métodos na região permite estimar o erro do método principal utilizado (cálculo da TP pelo gradiente geotérmico médio entre o fundo do poço e a superfície e a condutividade térmica média efectiva das rochas neste intervalo de profundidade) em cerca de 8%. [222]Assim, foram efectuadas isolinhas de TP a 10 mW/m , isolinhas auxiliares a 5 mW/m , mas a isolinha de 55 mW/m não foi efectuada.

Tal como noutras partes do VDV, as anomalias positivas estão em grande parte confinadas a falhas profundas marginais (e outras, muitas vezes transversais ao strike da calha), com uma faixa de valores TP relativamente baixos que se estende pela parte central da região.

[2]Os valores do fluxo de calor em profundidade no território da DDM são

geralmente de 43,5-44,5 mW/m (dependendo do facto de se ter ou não em conta o aumento dos TPs na zona de transição da DDM para o Donbass). Este valor não difere significativamente do estabelecido no escudo ucraniano.

2.4. Encosta do maciço de Voronezh

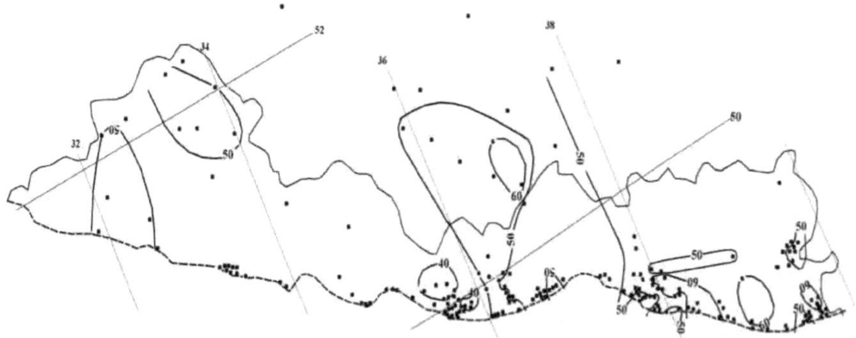

Fig. 2.6. Mapa do fluxo de calor profundo da vertente do maciço de Voronezh.

Ver Fig. 2.4 para a rotulagem.

No extremo nordeste do território considerado, o mapa inclui também uma parte do maciço de Voronezh propriamente dito com uma espessura mínima (até aos primeiros cem metros) de sedimentos.

Ao compilar o mapa (Fig. 2.6) desta região relativamente pouco estudada, os dados da Ucrânia foram complementados com dados sobre o fluxo de calor na Rússia, obtidos principalmente pelos autores.

^{2}Os erros de determinação da TP na encosta do maciço de Voronezh situam-se ao nível de 3 mW/m . ^{2}As isolinhas de TP podem ser traçadas até 10 mW/m . Mas na fase atual da investigação, quando as "manchas brancas" ainda estão espalhadas pelo território, faz sentido construir, em primeiro lugar, um esquema geral da distribuição do fluxo de calor, dentro do qual muitos valores em furos de sondagem vizinhos não podem ser representados como pontos separados. Em regra, estes dados foram submetidos a um cálculo de média. Como resultado, o esquema mostra os valores de TP em 163 pontos na

Ucrânia e 13 pontos na Rússia. Naturalmente, com uma rede tão esparsa e altamente irregular, as isolinhas de fluxo de calor não podem ser feitas como parte de um procedimento de mapeamento convencional. No esquema apresentado, são concebidas para estruturar de alguma forma os dados disponíveis, para contribuir para a atribuição preliminar de perturbações do campo térmico (embora ainda não para todo o território, com omissões prováveis).

[22]As distribuições de fundo são caracterizadas por valores modais de TP de 43 e 50 mW/m , os anómalos - 53 e 60 mW/m . [2]A magnitude das anomalias inferidas - 10 mW/m - é bastante comum entre as perturbações regionais nas zonas de ativação moderna na Ucrânia e noutras regiões [16 et al.] No entanto, tal coincidência não pode ser considerada justificação suficiente para a natureza das anomalias; estas podem também estar relacionadas (pelo menos perto do DDV) com variações na geração de calor radiogénico das rochas da crosta.

No primeiro caso, o valor de fundo não difere visivelmente do habitual para a plataforma pré-cambriana, enquanto no segundo caso está próximo do valor de fundo em Donbass (embora o exceda ligeiramente). Mas em Donbass o valor de fundo é causado não só pela geração de calor radiogénico na crosta e pela TP normal do manto, mas também (em pequena medida) pela influência do arrefecimento do interior do geossinclinal de Hercínia. Esta última opção provavelmente não se aplica à vertente do maciço de Voronezh. Embora esta opção não possa ser excluída: de acordo com alguns autores, o magmatismo hercínico está bastante difundido no maciço.

De acordo com os dados disponíveis sobre o declive, podem ser identificadas preliminarmente 6-7 anomalias positivas, mas a sua definição e delimitação fiáveis só devem ser efectuadas após a comparação das TP experimentais com as calculadas. [2 2]Não foram estabelecidas anomalias negativas fiáveis na região: nas isolinhas de TP de 40 mW/m, os valores médios são 37-38 mW/m

, ou seja, diferem do fundo em menos do dobro do erro de determinação da TP.

2.5. Donbass

A condutividade térmica das rochas da região é mais estudada do que noutros locais. ^{0}Em áreas onde os sedimentos carboníferos não são praticamente sobrepostos por sedimentos de idade mesozóica e cenozóica, o valor médio da condutividade térmica varia de 1,95 a 2,04 W / m C. ^{0}A condutividade térmica é um pouco menor (1,65-1,9 W / m C) na zona de transição para a Bacia Dnieper-Donets (incluindo as Bacias Kalmius-Toretskaya e Bakhmutskaya). Observa-se um aumento acentuado da componente vertical nos anticlinais Principal e Druzhkovsko-Konstantinovskaya

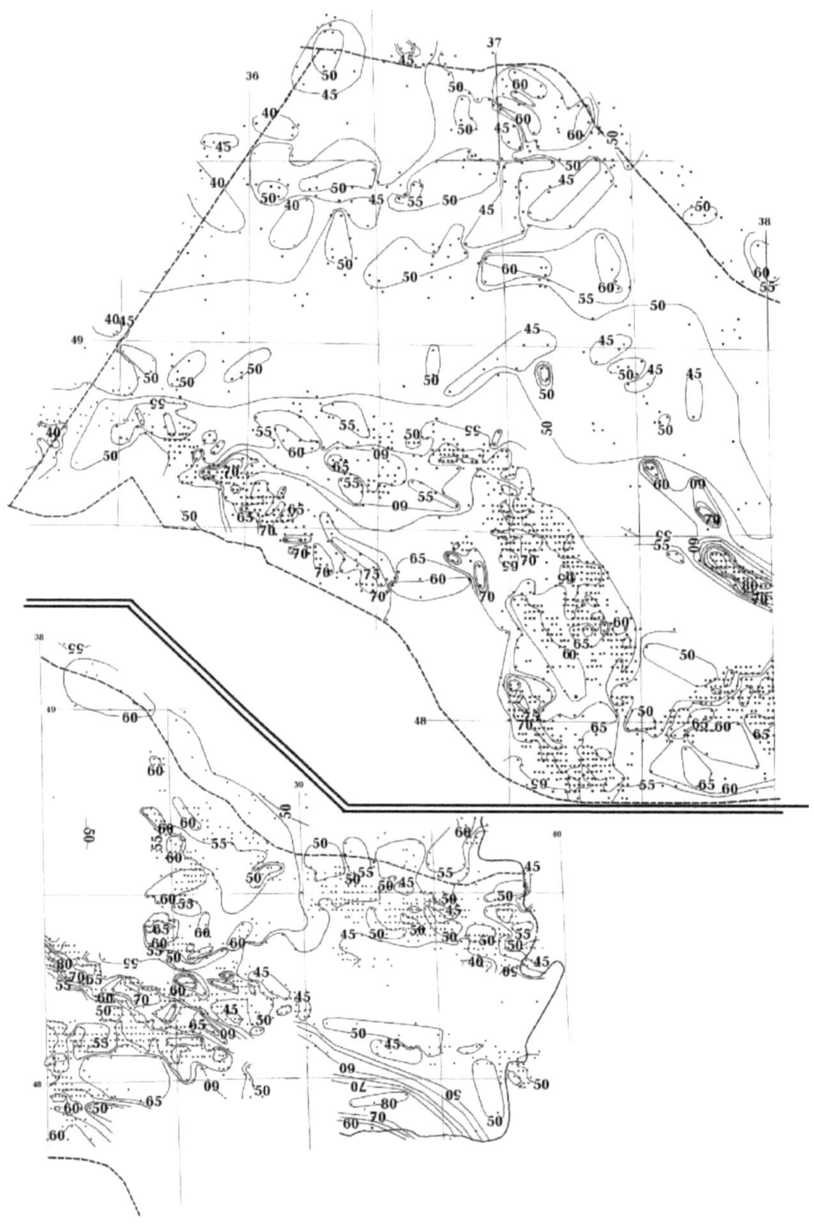

Fig. 2.7. Mapa do fluxo de calor profundo em Donbass.

[0]Ver Fig. 2.4. (até 2,3-2,6 W/m C) devido à anisotropia da condutividade

térmica dos estratos estratificados, bem como a um aumento da proporção de arenitos na secção.

Os valores das temperaturas de fundo de poço foram corrigidos para ter em conta as alterações paleoclimáticas. [222]Nos anticlinais Main e Druzhkovsko-Konstantinovsko, revelou-se necessário introduzir uma correção estrutural, que ascende a -7 mW/m na dobra de bloqueio, -4 mW/m nas asas e aumenta suavemente para +1 mW/m na transição para as calhas. Não foi introduzida qualquer correção hidrogeológica, uma vez que foi previamente estabelecido que não existe uma influência apreciável da água de escoamento na região às profundidades das medições T.

[2]A comparação dos resultados de determinações repetidas de TP por diferentes métodos resulta num erro de 2-3 mW/m . [2]Esta exatidão permite traçar isolinhas até 5 mW/m .

Os resultados das determinações de TP calculados em média nos territórios delimitados pelas coordenadas 1'x1' são apresentados na Fig. 2.7. São apresentadas várias determinações de TP na parte russa de Donbass efectuadas pelos autores. Estas determinações permitem traçar com mais segurança isolinhas do fluxo de calor profundo perto da fronteira dos Estados. Foi utilizado um total de 2750 pontos de determinações de TP. O mapa permitiu revelar muitos padrões de localização de anomalias de TP na encosta do Escudo Ucraniano, na extremidade sul do Donbass e no anticlíneo principal, que não tinham sido observados anteriormente.

[2]A maior parte do território é caracterizada por valores de fluxo térmico de 42 a 52 mW/m (bacias de Kalmius-Toretskaya e Bakhmutskaya, o território a norte da crista de Nagolny até à zona setentrional de dobras pouco profundas). [22]Na zona setentrional de dobragem pouco profunda, os fluxos de calor aumentam para 48-55, subindo para 62 mW/m na junção com a bacia de Bakhmut, na encosta do maciço de Voronezh são de 52-56 mW/m . Os TPs máximos encontram-se na encosta da USH, nos anticlinais Main e Druzhkov-

Konstantinovskaya, na zona de Donetsk-Makeevsky. [222]Aqui os valores médios são 63, e os máximos atingem 75 mW/m na zona de Donetsk-Makeevka, 103 mW/m - na encosta do escudo, e 104 mW/m no campo de minério Nikitovskoye do anticlinal principal.

[2]Os valores de fundo de 48-49 mW/m , que são os mais difundidos na área, foram tomados como valores de fundo. O valor obtido excede ligeiramente o fluxo de calor de fundo calculado e observado no Escudo Ucraniano e no Maciço de Voronezh e está próximo do valor estabelecido na zona de transição entre o DDV e o Donbass. Em quase todos os casos, as anomalias estendem-se ao longo das principais estruturas de dobragem da bacia e têm um comprimento significativo (até 140 km) com uma largura insignificante (de 4-10 a 20 km), separando áreas com valores TP relativamente baixos. As anomalias estreitas correspondem a falhas profundas longitudinais, e os valores de fundo são caraterísticos de blocos não perturbados por disjunções. A dependência das anomalias na localização de zonas de falhas (em vez de estruturas plicadas) é claramente revelada na parte sudoeste de Donbass.

As zonas de falha e as suas intersecções manifestam-se não só no aumento do TP moderno associado à remoção de calor e fluidos profundos (incluindo hidrocarbonetos), mas também no magmatismo, na mineralização hidrotermal de minérios (ouro, mercúrio, etc.) de activações passadas. Na sua intersecção, o grau de lithificação das rochas sedimentares (incluindo os carvões) muda abruptamente devido a alterações no nível de cisalhamento erosivo em diferentes blocos do subsolo. Por conseguinte, a identificação das zonas de falha é uma tarefa importante na prospeção mineral. Esta tarefa pode ser resolvida com a ajuda de mapas TP pormenorizados. Nas áreas cobertas pelo processo de profundidade moderno, elas serão manifestadas por explosões de TP (a experiência mostra que elas estão confinadas a apenas uma parte do comprimento da falha activada). [2]Na ausência de ativação moderna e/ou de afluxo de calor profundo (por exemplo, no local onde o ramo ascendente da célula convectiva se aproxima da superfície), as zonas de falha manifestam-se por anomalias TP negativas insignificantes (até 5 mW/m).

2.6. Monoclina do sul da Ucrânia e placa cita

Esta região compreende duas unidades tectónicas diferentes na história geológica - a plataforma monoclinal do sul da Ucrânia (que ocupa não só parte da terra no sul da Ucrânia, mas também parte da plataforma), a calha de Priborudzhsky e fragmentos do geossinclinal hercínico-cimério da placa cita em terra (parte do norte de Dobrudja e da Crimeia) e na plataforma.

$^{.0}$A condutividade térmica média das rochas foi estabelecida por valores para os principais horizontes litológicos e estratigráficos e variou no intervalo de 1,45 a 1,95 W/m C. O erro de determinação da TP foi estabelecido por comparação dos valores obtidos com os estabelecidos anteriormente por outros métodos. As discrepâncias foram, na maioria dos casos, de 10-15% do valor médio, indicando um erro de cada uma das determinações de cerca de 9%.

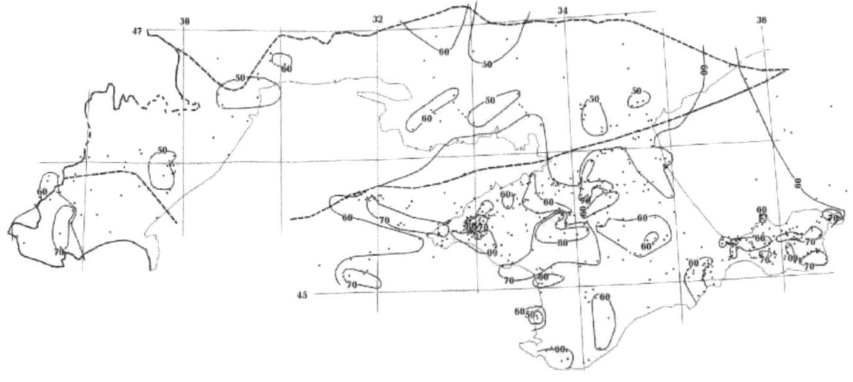

Fig. 2.8. Mapa do fluxo de calor profundo da monoclina do Sul da Ucrânia e da parte ocidental da placa cita.

Ver Fig. 2.4 para a rotulagem.

Na monoclina, o TP profundo foi determinado em 300 furos de sondagem agrupados em 200 pontos. Os dados de fluxo de calor nos pontos da Crimeia mais próximos da plataforma foram utilizados para desenhar as isolinhas de TP no mapa. [2]As isolinhas de fluxo de calor no mapa foram desenhadas a 10 mW/m , o que nalguns casos é comparável ao dobro do erro, mas em zonas com valores elevados é inferior a este. [2]Por conseguinte, podemos falar do carácter qualitativo do isolamento das partes mais intensas das anomalias positivas de TP (onde os valores excedem 70 mW/m).

[2]Na maior parte da zona de estudo - a monoclina do Sul da Ucrânia - o valor de fundo da TP é de cerca de 50 mW/m . [2] No extremo oeste da região, destaca-se a anomalia positiva de Renia, no centro da qual o fluxo de calor excede 70 mW/m. A leste, a anomalia de Shelf tem aproximadamente a mesma intensidade. [2]A norte da Crimeia, o aumento relativo da TP (superior a 60 mW/m) estende-se até ao extremo sul da anomalia de Kirovograd identificada no escudo. Nas margens setentrionais da Crimeia encontram-se aumentos notáveis da TP (ver abaixo).

Em geral, o aumento do fluxo de calor profundo com a aproximação à placa cita, complicado por perturbações positivas locais intensas, é notável.

Na laje, a condutividade térmica das rochas nos intervalos de profundidade do cálculo do TP da Crimeia foi calculada a partir de numerosos dados obtidos com a participação dos autores. [0]A informação disponível permitiu-nos apresentar a alteração do valor da condutividade térmica com a profundidade para casos típicos como: até 1,5 km - 1,6, até 3 km - 2,05, até 4,5 - 2,5, mais profundo - 2,65 W/m C. No entanto, as excepções a esta dependência são bastante comuns, especialmente nas áreas das elevações de Evpatoria e Novoselovsky, onde a condutividade térmica é mais elevada na parte superior da secção. Pelo contrário, na calha de Indolo-Kuban, a sola da fase superior, composta por rochas de baixa condutividade térmica, desce a uma maior profundidade. Os valores de TP observados foram corrigidos em função da influência do paleoclima. As distorções da TP relacionadas com o efeito estrutural e os movimentos das águas subterrâneas foram tidas em conta apenas num pequeno número de pontos; no resto do território, foram reconhecidas (a profundidades reais de cálculo da TP) como insignificantes.

O número total de determinações individuais de TP foi de 600 e estão agrupadas em 370 pontos. A comparação dos valores de TP determinados por diferentes métodos indica um erro provável de cerca de 10 %.

O histograma dos valores de GTP da Crimeia sugere, de forma bastante razoável, que reflecte a presença de dois conjuntos de dados. [22]O primeiro, que compreende cerca de 75-80% de todos os valores, representa provavelmente a distribuição de fundo, caracterizada por um valor modal de 60 mW/m e um desvio padrão de cerca de 6 mW/m . [22]Os restantes TPs pertencem a anomalias positivas e a sua distribuição pode ser caracterizada, grosso modo, por um valor modal de 73 mW/m e um desvio padrão de 8 mW/m . [2]É evidente que as anomalias negativas (TPs inferiores a 48 mW/m) não são distinguidas de forma fiável. [2]Foram detectados vários grupos de anomalias positivas (que foram consideradas zonas de desenvolvimento de valores de TP superiores a 70 mW/m). [222]Trata-se do grupo de Tarkhankut no oeste da península (82±6 mW/m), Novoselovsko-Evpatoria (78±7 mW/m) - no centro, Kerch (74±5 mW/m) - no leste. [2]A norte do grupo central, podem ser identificadas mais duas perturbações TP relativamente pequenas em termos de área, formando o grupo Sivash (74±5 mW/m).

A comparação das anomalias positivas e das depressões relativas de TP com a grelha das falhas principais da península sugere que aqui (como na bacia do Dnieper-Donets e Donbass) as perturbações do campo térmico gravitam em direção às perturbações. Embora o transporte ascendente e descendente de calor juntamente com fluidos dificilmente possa ser reconhecido como a única causa de perturbações. Algumas das anomalias positivas dos grupos Tarkhankutskaya e Novoselovsko-Evpatoria estão localizadas a uma distância notável das falhas. Aparentemente, nestes casos, o transporte de calor condutivo também desempenha um papel significativo. O confinamento de outras anomalias às falhas parece mais óbvio.

2.7. Placa de Volyno-Podolsk

A região inclui, para além da Volyn-Podolska propriamente dita, um fragmento da placa da Europa Ocidental com o embasamento caledónio-hercínico no embasamento da calha paleozóica de Lviv.

.0.0Assumiu-se que o valor médio da condutividade térmica aumenta com a profundidade de 2,1 W/m C a uma profundidade de fundo de poço de cerca de 700m para 2,4 W/m C a uma profundidade de fundo de poço de 4000m ou mais. A TP foi calculada a partir destes parâmetros. A exatidão desta operação foi estabelecida através da comparação de TP de vários poços de referência onde as determinações de TP foram feitas utilizando diferentes métodos. Os resultados da comparação indicam um erro de cada método de cerca de 10%.

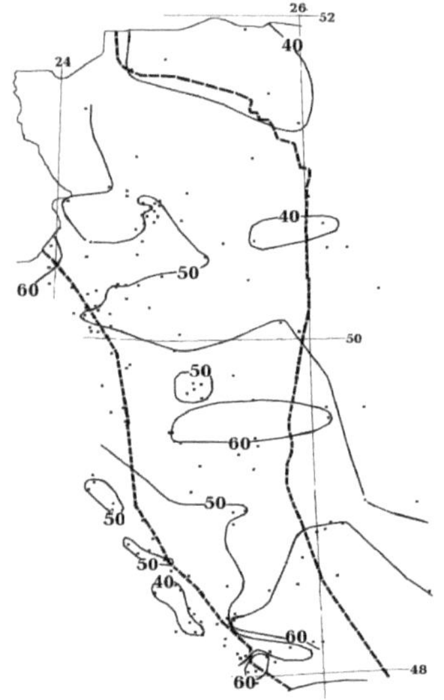

Fig. 2.9. Mapa TP de profundidade da placa Volyn-Podolsk.

Ver Fig. 2.4 para a rotulagem.

Nenhum efeito estrutural apreciável foi estabelecido na região considerada, e nenhuma correção correspondente foi introduzida. A informação sobre os transbordamentos de águas subterrâneas a profundidades superiores às primeiras dezenas de metros é escassa, os dados conhecidos pelos autores indicam uma pequena distorção do campo térmico pela água. Embora não se possa afirmar que esta foi correta em todos os casos, não se pode excluir um aumento local do erro de determinação do TP. As correcções hidrogeológicas foram introduzidas nos resultados dos estudos em furos pouco profundos e afectaram visivelmente o valor da TP (atingem muitas dezenas de por cento do valor observado). [2]A correção paleoclimática foi introduzida em todo o lado: de 2 a 13 mW/m, dependendo da profundidade do furo.

No total, foram estabelecidos cerca de 250 valores de TP, agrupados em 160 pontos. O mapa da TP profunda da região permite-nos traçar um quadro da sua distribuição (Fig. 2.9): São aqui apresentados os valores de fundo, três anomalias positivas (duas delas em fragmentos) - Yavorivska no noroeste da calha de Lviv, Chernovtsy no sul da parte ucraniana da placa e Ternopil no centro da placa - e uma anomalia negativa - Volynska no norte da placa, que tem uma continuação no território da Bielorrússia.

[2]Fora das anomalias, o TP é em média de cerca de 46-47 mW/m , o que está próximo dos valores de fundo noutras regiões de plataforma da Ucrânia (ver acima). No entanto, duas áreas de fluxos de calor moderado ligeiramente diferentes são claramente distinguidas na área de estudo. [2]Uma delas é diretamente adjacente à encosta do Escudo Ucraniano e caracteriza-se por um TP de cerca de 43 mW/m . [2]A segunda está localizada a oeste e aqui o fluxo médio de calor atinge cerca de 50-51 mW/m .

É sobre o "fundo aumentado" que se desenvolvem as anomalias positivas. A influência direta das fontes de calor das anomalias dos Cárpatos não pode explicar o aumento geral da TP na parte ocidental da região. Este facto é comprovado por cálculos adequados. Talvez o efeito térmico da ativação moderna, com o qual as anomalias positivas de TP estão claramente associadas, no resto da parte ocidental da região esteja apenas a começar a manifestar-se. [2]Nas áreas destas anomalias positivas (TP média - cerca de 63 mW/m), a manifestação dos efeitos térmicos da ativação moderna é indubitável. Os estudos da TP na Polónia e na Moldávia, realizados pelos autores, estabeleceram que (possivelmente após alguma interrupção) a anomalia de Jaworowski é continuada a nordeste pela anomalia de TP de Chelmskaya na Polónia, e a anomalia de Czernowitz a sudeste pela anomalia de Balti na Moldávia.

2.8. região dos Cárpatos

Podem distinguir-se três estruturas principais na região, que diferem na história do desenvolvimento geológico e do campo térmico: 1) Flacidez pré-Cárpatos, que surgiu na última fase dos processos activos no geossinclinal alpino Cárpato-Dinárico, sobreposta em parte na borda da zona dobrada (zona de flacidez interior), em parte na plataforma anterior do geossinclinal (zona de flacidez exterior), 2) Cárpatos dobrados - externídeos alpinos típicos, 3) Flacidez posterior Transcarpática, formada na margem do maciço mediano durante o último período de desenvolvimento do geossinclinal (Fig. 2.1).

Na Calha Pré-Cárpato, foram estabelecidos 500 valores de TP, agrupados em 220 pontos. Os valores de condutibilidade térmica aumentam acentuadamente com a profundidade do fundo do intervalo calculado, o que permitiu construir uma dependência bastante simples do valor médio em relação a esta profundidade. [.0.0]A condutividade térmica aumentou quase linearmente de 1,7 W/m C para 300-500 m para 2,2 W/m C para 5000 e mais metros. [.0]Só em casos raros de inclusão de camadas espessas de sal na secção é que a condutividade térmica média aumentou para 2,5 W/m C.

Foram feitas correcções paleoclimáticas a todos os valores de profundidade T. As correcções que têm em conta os transbordamentos de águas subterrâneas não foram introduzidas devido à falta de informação necessária. Naturalmente, os erros de determinação do TP podem estar relacionados com este facto: subestimação do parâmetro em poços relativamente pouco profundos. No entanto, nos numerosos casos em que foram determinados vários valores de TP num poço a diferentes profundidades do fundo do poço, não se verificou uma dependência óbvia do TP.

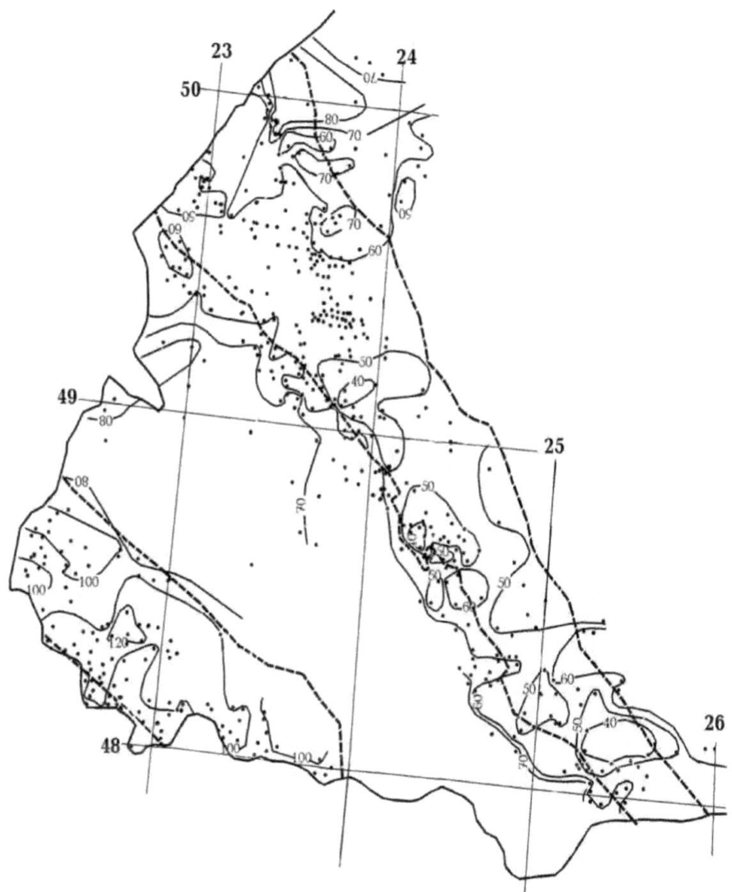

Fig. 2.10. Mapa do fluxo de calor profundo dos Cárpatos Ver Fig. 2.4 para a rotulagem.

da profundidade não foi detectada. A correção estrutural devida ao facto de a condutividade térmica do melaço que preenche o vale ser inferior à condutividade térmica das rochas subjacentes (formações do Flysch dos Cárpatos Dobrados e rochas antigas da placa Volyno-Podolsk) para a maioria das partes do vale é (de acordo com os resultados dos cálculos estimados) muito pequena - cerca de 3-4%. As únicas excepções são as partes do vale diretamente adjacentes às falhas que o delimitam. No entanto, a falha Precarpathian quase não tem definições TP. Assim, pode assumir-se que, no decurso dos estudos, foi estabelecido um valor profundo (não significativamente distorcido por influências próximas da superfície) de TP.

A exatidão dos valores obtidos foi determinada através da comparação dos TP estabelecidos por diferentes métodos. As diferenças detectadas nos valores de TP indicam um erro de cada método de cerca de 8-10%. [22]O erro absoluto é de cerca de 4 mW/m , o que permite traçar isolinhas no mapa de TP da região através de 10 mW/m .

O histograma da distribuição dos valores do fluxo de calor mostra que três conjuntos de dados, incluindo um número aproximadamente comparável de valores, estão claramente isolados dentro do afundamento. [2]O primeiro é caracterizado por um valor modal e um desvio padrão de 41 e 2 mW/m, respetivamente. [2]O segundo conjunto é constituído por TPs ligeiramente mais elevados de 49±3 mW/m . [2]O terceiro consiste em fluxos de calor elevados - 58±5 mW/m . Obviamente, os dois primeiros conjuntos constituem os TPs de fundo da calha pré-carpática. Os valores mais baixos são obtidos principalmente na faixa de 10 km de largura perto do impulso dos Cárpatos dobrados, onde, sob a influência de efeitos estruturais, o TP pode ser subestimado em 10% em média. [2]A introdução de uma correção adequada aproxima os valores modais das matrizes e permite-nos estimar a TP de fundo média do sag em 47 mW/m . O valor obtido do fundo é próximo do estabelecido no Escudo Ucraniano, na depressão de Dneprovsk-Donets e na placa de Volyno-Podolsk. [2]Por conseguinte, pode afirmar-se que, na região estudada, o efeito do geossinclinal alpino dos Cárpatos é muito fraco, não excedendo os primeiros mW/m .

[2]No entanto, parte do aumento da TP (incluída no terceiro conjunto de dados)

é estabelecida numa faixa de 10 km perto do impulso dos Cárpatos Dobrados e pode ser relacionada com o aumento do fluxo de calor quando se aproxima dos Cárpatos Dobrados, no limite do qual a TP é estimada em 55-60 mW/m . [2]Nesta zona, após a correção acima referida, a TP média atinge 53 mW/m . [2]Por conseguinte, é lógico supor que a TP através do sag continua a alterar-se, aumentando da fronteira nordeste para a sudoeste em 5-10 mW/m .

Os estudos geotérmicos nos Cárpatos Dobrados são insignificantes quando comparados com os das calhas Pré-Cárpatos e Transcarpatos. Este facto deve-se ao pequeno número de poços na parte interior da zona dobrada.

.0.0O valor da condutividade térmica de 2,65 W/m C foi adotado para o flysch Cretácico-Paleogénico, e 1,92,0 W/m C para as rochas da Calha Precarpática e algumas outras formações da parte ocidental dos Cárpatos Dobrados. .0Na zona de impulso dos Cárpatos Skibovy na calha de Predkarpattya, os valores médios de λ no intervalo de determinação do gradiente geotérmico eram geralmente cerca de 2,3 W/m C.

Foram feitas correcções paleoclimáticas, que afectaram visivelmente os valores de TP nas sondagens pouco profundas e praticamente não os alteraram nas sondagens profundas (a grande maioria das sondagens a 2000-4000m de profundidade).

A exatidão dos valores de TP obtidos só pode ser estimada de forma aproximada pela dispersão dos valores num poço, em poços vizinhos, por comparação com a TP estabelecida por outra metodologia em poços onde foram feitas determinações repetidas. [22]Os desvios em relação à média neste último caso são de 6-7%, o que indica um pequeno nível de erro e, com um valor médio da TP de fundo da região (ver abaixo) de cerca de 65 mW/m, permite traçar isolinhas de TP no mapa após 10 mW/m .

No total, foram cartografados 120 pontos (300 definições de AT únicas).

[2]Parece lógico (até ao aparecimento de dados no centro da metade sudeste

dos Cárpatos Dobrados) considerar o aumento do TP da Calha dos Cárpatos Predocarpáticos para a Calha Transcarpática como menos intenso - em cerca de 10 mW/m . [222]É também necessário ter em conta que nas zonas extremas perto da calha dos Cárpatos o fluxo de calor é provavelmente sobrestimado pelo efeito estrutural em cerca de 3-4 mW/m , ou seja, o aumento da TP através dos Cárpatos Dobrados é de cerca de 15 mW/m (de 55-60 para 70-75 mW/m). Neste contexto, desenvolvem-se anomalias positivas, uma das quais se localiza quase inteiramente no vale Transcarpático, a segunda - na margem noroeste da região. [22]Dentro dos seus limites, a TP média atinge 82 mW/m , na parte central - mais de 90 mW/m .

O estudo dos TP nos Cárpatos Dobrados fora da Ucrânia é muito insignificante. No entanto, pode afirmar-se que a distribuição de TP nos Cárpatos Ocidentais na Polónia é muito semelhante à observada na Ucrânia. Pelo contrário, nos Cárpatos Orientais romenos, o TP da zona dobrada é acentuadamente reduzido em comparação com o considerado.

Os valores médios da condutividade térmica das rochas do afundamento Transcarpático foram determinados a partir da secção do furo de sondagem. [0]Como resultado, verificou-se que o parâmetro varia de 1,6 a 2,3 W/m C. A exceção foram alguns furos de sondagem que atravessaram estratos salinos de espessura significativa. [0]Aqui a condutividade térmica média atingiu 2,7-2,8 W / m C.

Em vários pontos, as determinações de TP foram repetidas em sondagens previamente estudadas, com desvios em relação ao valor médio de 5-20%. Os valores de TP calculados foram corrigidos para ter em conta a influência do paleoclima e, em vários pontos de sondagens relativamente pouco profundas, foi tida em conta a influência dos transbordamentos de água, especialmente intensos na parte superior da secção. Como resultado, não há dependência da profundidade da determinação da temperatura nos valores de TP obtidos (em alguns poços há até 5-7 deles), o que indica a eficiência do cálculo das correcções. Pode-se considerar que um fluxo de calor profundo (i.e., não significativamente distorcido por influências da superfície) é estabelecido na região. ^{2}As isolinhas TP são traçadas a 20 mW/m .

^{2}A área das regiões onde o fluxo de calor excede os 100 mW/m é cerca de 1/3 do território. ^{2}Fora da isolinha correspondente, o valor médio de TP é de 89 mW/m . Este valor pode ser reconhecido como um valor de fundo para o vale do Transcarpático. De acordo com uma pequena quantidade de dados, pode presumir-se que é caraterístico de um fragmento do vale da Panónia no território da Ucrânia. ^{2}O valor designado é visivelmente maior do que o observado na parte dos Cárpatos Dobrados adjacente ao vale (78 mW/m). Assim, o crescimento da TP nos Cárpatos Dobrados ao aproximar-se da Calha Transcarpática aumenta acentuadamente e está muito provavelmente relacionado não com o "todo-Cárpato", mas com a fonte local.

Este aumento regional da TP no próprio sag é complementado por intensas anomalias positivas. ^{2}Nestas, o valor médio do fluxo de calor é de 113 mW/m . ^{22}Em pequenas áreas (cerca de 3% da área do sag) o TP excede 120 mW/m (em média - cerca de 130 mW/m). Obviamente, nestas áreas as fontes de calor estão muito próximas da superfície da Terra.

Os dados acima mostram que o fluxo de calor da Calha Transcarpática pode ser considerado como o resultado da ação de fontes de calor adicionais a uma única fonte relacionada com os processos profundos no interior do geossinclinal alpino Cárpato-Dinaridiano. Uma fonte (regional) provoca um aumento em degrau do TP no limite exterior do sag. ^{2}Aqui o fluxo de calor aumenta de 15-20 mW/m numa faixa de cerca de 15 km de largura. ^{2}Outras (locais) formam anomalias com uma largura caraterística de cerca de 15 km, nas partes centrais das quais o TP é aumentado em comparação com o causado pela fonte regional em 20-40 mW/m . De forma menos detalhada e fiável, a mesma imagem é registada no Maciço Mediano da Panónia (jovem Depressão da Panónia).

Capítulo 3 - Modelos térmicos da crosta e do manto superior

3.1 Dados iniciais e princípios de construção de modelos

O foco do trabalho predetermina o intervalo de profundidade para o qual os modelos são construídos. Este é limitado a partir de baixo pelo centro da camada subcrustal no manto, que é sobreaquecida em regiões activas e pode manifestar-se em temperaturas anómalas e recursos geotérmicos perto da superfície. Os modelos térmicos (ou seja, as distribuições das fontes de calor e das temperaturas) são criados como resultado da interpretação da distribuição da TP na superfície da Terra. A interpretação envolve a resolução de um problema inverso, naturalmente ambíguo. No caso da geotermia, a ambiguidade é especialmente grande devido ao facto de uma fonte de calor num determinado período poder não se manifestar suficientemente ou de todo no fluxo de calor estudado. Por conseguinte, é necessário utilizar técnicas específicas de regularização da solução do problema inverso, envolvendo dados não geotérmicos. Os autores desenvolveram um esquema de interpretação que inclui essas etapas.

1. Como meio de regularizar a solução do problema inverso, é utilizado um modelo das composições da matéria da crosta e do manto superior e dos processos profundos neles ocorridos (o esquema deste último corresponde à hipótese advecção-polimórfica utilizada pelos autores [8, 11, etc.]). O modelo é, evidentemente, hipotético, mas os dados geológicos e geofísicos modernos permitem a sua verificação exaustiva.

2. O modelo de fontes de calor (estacionárias e não estacionárias) é construído a partir do modelo de composições e processos. É utilizado para resolver o problema direto. O resultado é comparado com o TP através da superfície. O resultado é comparado com o TP através da superfície, o que deve permitir obter uma correspondência dentro dos limites devidos ao erro do material experimental e do cálculo. Considera-se que o erro de cálculo está relacionado apenas com as tolerâncias dos parâmetros do modelo e não com

as caraterísticas principais do modelo. A seleção do efeito de cálculo para uma melhor concordância com os dados experimentais só é permitida com a ajuda de uma alteração limitada de 1-2 parâmetros menores (para o modelo como um todo) nos modelos de fontes jovens não estacionárias. Isto deve-se à manifestação incompleta do processo profundo incompleto moderno nos fenómenos geológicos.

A validade do resultado obtido é determinada em duas fases de controlo.

3. Em primeiro lugar, o modelo térmico é comparado com os dados dos termómetros geológicos. Para além da informação tradicionalmente utilizada sobre os xenólitos, podem ser aplicados outros dados, nomeadamente, sobre a profundidade dos centros magmáticos e a temperatura de fusão nos mesmos, sobre a distribuição das temperaturas por paragénese mineral das formações hidrotermais, entre outros.

4. O controlo final é baseado em dados geofísicos. O modelo térmico é utilizado para calcular a distribuição das propriedades físicas da matéria da crosta e do manto, mais precisamente - a sua anomalia, ou seja, a sua diferença em relação às propriedades correspondentes a temperaturas normais. Os resultados são comparados com os modelos sísmicos, geoeléctricos, magnéticos e gravitacionais diretamente ou (nos dois últimos casos) comparando os efeitos calculados.

É tecnicamente conveniente conduzir a interpretação do campo térmico desenvolvendo primeiro um modelo normal e depois analisando modelos anómalos como resultado de alterações no modelo normal.

Em princípio, todas as fontes na Terra real são não-estacionárias, ou seja, os seus efeitos mudam com o tempo. Mas o grau de alteração é diferente e, para certas fontes e classes de problemas, a não-estacionariedade é tradicionalmente e razoavelmente não tida em conta. No entanto, esta abordagem não pode ser automaticamente alargada a quaisquer intervalos de tempo de ação e profundidades de localização de tais fontes. O cálculo mostra que o campo térmico até uma profundidade de cerca de 70-75 km pode ser considerado praticamente estacionário se as últimas fontes instáveis na região estiveram activas no Pré-Cambriano.

As propriedades térmicas do meio, que foram utilizadas na construção dos modelos, são discutidas acima (ver Capítulo 1). ^{936300}Foram também utilizados os seguintes valores: calor de fusão das rochas do manto - 1,28-10 J/m (de acordo com alguns dados, pode duplicar na parte inferior da tectonosfera), capacidade térmica volumétrica das rochas e da fusão - 4,26-10 J/m. C, variação adiabática de T no movimento vertical da matéria - 0,5 C/km. Em graus reais de fusão em grandes volumes de rochas (até 5%) o arrefecimento devido ao calor de fusão é nas primeiras dezenas de graus, esta mudança de temperatura pode ser negligenciada nos cálculos. O calor de transformação polimórfica na base do manto superior é mais significativo. ^{0}Na transformação de toda a olivina (cerca de 50 por cento do volume da rocha) num mineral com estrutura espinélio, haverá um aquecimento de 100 C. ^{0}A conclusão das transições polimórficas (até uma profundidade de cerca de 650 km) resultará na libertação de calor suficiente para aquecer a rocha em mais 200 C.

Foram também utilizados os valores da produção de calor radiogénico nas rochas da crosta e do manto da Ucrânia.

Camada sedimentar. Foram efectuados estudos bastante pormenorizados sobre os teores de urânio e de tório nas rochas sedimentares de cobertura no território da Ucrânia. Os dados de referência sobre os teores de potássio também foram utilizados nos cálculos. Estes não afectaram significativamente os resultados do cálculo TG. ^{3}A densidade média das rochas estudadas era de cerca de 2,3 g/cm.

^{3}De acordo com esses dados para cerca de 600 amostras em DDV, foi obtido um TG médio de cerca de 1,1-1,2 μW/m . ^{3}Em Donbass (300 amostras), a média é de cerca de 1 μW/m).

^{33}Na calha pré-carpática (cerca de 1500-2000 amostras), os valores de TG de cerca de 1,0-1,1 μW/m são mais comuns, mas ocasionalmente são encontradas argilas com valores de TG até 1,7 μW/m.

^{3}Na vertente sul da UZH, o valor médio da produção de calor, de acordo com cerca de 100 determinações, é de cerca de 1,3 μW/m . ^{3}Na vertente norte - 1,1-1,2 μW/m . Valores semelhantes (cerca de 200 amostras) foram obtidos para a cobertura sedimentar da placa cita. ^{3}Nas lamas do Mar Negro (quando se atinge uma densidade comparável à utilizada nos cálculos) o TG é (300 amostras) de cerca de 1,2 μW/m .

Assim, a geração de calor em rochas fracamente litificadas da parte superior da camada sedimentar é bastante estável. ^{303}Em direção à parte inferior da camada espessa, onde a litificação aumenta significativamente, a TG diminui de acordo com as estimativas disponíveis para cerca de 0,8 μW/m , no limite (à temperatura de litificação de 400 C) - para 0,6 μW/m [9, 10 e outros]. Assim, a geração média de calor da camada sedimentar deve ser determinada individualmente, diminuindo, mantendo-se as outras coisas iguais, com o aumento da espessura da espessura. ^{3}No Donbass, é mínima - cerca de 0,8-0,7 μW/m .

Crosta consolidada. Na parte superior da camada de granito propriamente dita (ou seja, em rochas com um grau de metamorfismo não inferior a greenschist), a geração de calor é um pouco maior do que na camada sedimentar. ^{3}O valor médio situa-se ao nível de 1,5 μW/m , a variabilidade do parâmetro é muito grande. As dimensões dos campos de valores de TG relativamente estáveis estão claramente relacionadas com as dimensões dos maciços rochosos na fatia erosiva do escudo, ou seja, atingem várias dezenas a centenas de quilómetros para plutões de grandes dimensões, mas limitam-se sobretudo a vários a dez quilómetros.

Os maciços granitóides associados a valores elevados de TG não cobrem provavelmente uma parte significativa da espessura crustal. A situação pode ser diferente nas zonas de baixo TG associadas aos campos de desenvolvimento de rochas metamórficas de acidez relativamente mais baixa. [3]Aqui o valor médio de TG é reduzido para 0,8 μW/m . [2]Se tais anomalias negativas persistirem pelo menos em metade da espessura da crosta (naturalmente, diminuindo em amplitude), podemos esperar uma diminuição da componente crustal de TH em 10 mW/m .

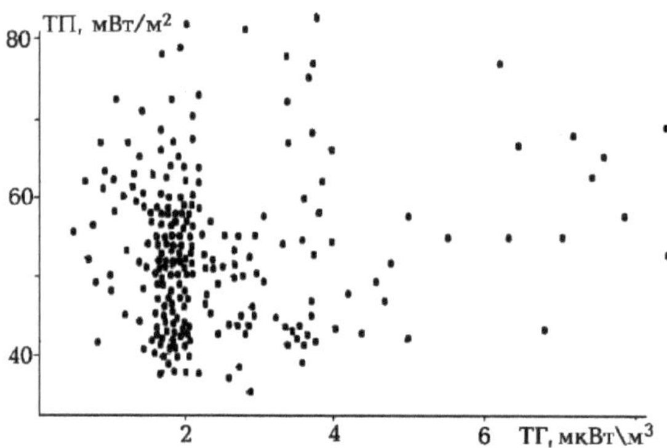

Figura 3.1. Fluxo de calor e geração de calor nas rochas

Bloco de Kirovograd da USH.

Valores médios comparáveis de TG para um pequeno número de amostras foram também obtidos para a superfície do subsolo dos Cárpatos, Crimeia e placa Volyno-Podolsk.

As variações de TG nos tamanhos habituais dos campos de geração de calor envelhecido não são acompanhadas por uma mudança correspondente no fluxo de calor. Isto pode ser verificado comparando TG e TP no bloco de proteção de Kirovograd, onde ambos os parâmetros foram investigados com maior detalhe (Fig. 3.1).

As alterações na geração de calor com a profundidade na crosta consolidada são normalmente estimadas a partir da sua relação exponencial com a velocidade da onda sísmica. Naturalmente, referimo-nos à correspondência das alterações de Vp com as alterações da composição e do grau de metamorfismo das rochas em profundidade. De acordo com o complexo de dados geológicos e geofísicos, estes são descritos em [3, 10, etc.]. De acordo com estas descrições, pode assumir-se que os horizontes da crosta inferior contêm até 30% de rochas ultrabásicas para além dos granulitos básicos. [33]A geração de calor nos granulitos básicos é cerca de metade do TG dos gabroides, ou seja, cerca de 0,25-0,30 μW/m , nos ultrabasitos - cerca de 0,04-0,05 μW/m . [3]Assim, acima da partição M na crosta normal (sem camada coroidal - CM) podemos esperar uma geração de calor de cerca de 0,2 μW/m . Nos horizontes superiores da crosta do escudo, a v_p média é de cerca de 5,9 km/s. A parte mais baixa da crosta do escudo (a uma profundidade de cerca de 42-43 km) é caracterizada por um valor de 7,2 km/s. Obtém-se a expressão TG = 1,28 ehr 1,54 (6 $-v_p$). Em muitos casos, é necessário utilizar secções de densidade da crosta para calcular a TG crustal. TG = 1,28 ehr 5,7 (2,69 - σ). As correlações entre parâmetros para rochas da crosta consolidada são obtidas para distribuições de temperatura na plataforma. A geração de calor em rochas sedimentares diferentemente litificadas está relacionada com v_p como TG = 1,264 - 0,084exp(0,554(v_p - 2)). [030]As diferenças na profundidade T sugerem uma correção aos TGs calculados - tendo em conta o efeito das temperaturas anómalas na velocidade da onda sísmica longitudinal (aproximadamente 0,06 km/s por 100 C) e na densidade (0,01 g/cm por 100 C).

A TP e a profundidade T foram calculadas utilizando expressões para fontes tridimensionais (paralelepípedos) com uma temperatura anómala ΔT ou um determinado nível de TG [7, 16 et al.]

Os cálculos da componente radiogénica crustal da TP foram efectuados ao longo dos perfis sobre os quais foram construídos os modelos de velocidade e densidade. A sua rede na Ucrânia é bastante densa (o comprimento total dos perfis é de cerca de 10 mil km) (Fig. 3.2), o que permite caraterizar o parâmetro em todas as principais regiões tectónicas e nas suas grandes partes. Não foram construídas secções de velocidade de alta qualidade para todos os perfis HSZ. Por conseguinte, os modelos de densidade nestes casos são menos exactos. Por conseguinte, é necessário ter em conta a possibilidade de um erro notável no cálculo da componente crustal do fluxo de calor. [2]Este atinge em média 5 mW/m .

[2]As distribuições de geração de calor consideradas, utilizadas para construir a componente estacionária do modelo térmico da crosta e do manto superior, permitem-nos explicar as TPs de fundo observadas a um fluxo de calor constante do manto de cerca de 20 mWm . [2]Para o intervalo de profundidade adotado, estes são os T mínimos. São mais baixos apenas em áreas localizadas de distribuição de TP inferiores a 40 mW/m e, consequentemente, em rochas crustais com geração de calor reduzida. Se essas áreas forem suficientemente grandes, as temperaturas reduzidas em profundidade que lhes correspondem propagam-se até ao fundo dos modelos. Existem poucas áreas deste tipo na Ucrânia e são apresentadas de seguida.

Na construção dos modelos, os resultados dos cálculos de temperatura foram comparados com as temperaturas de solidus (Tc) de rochas profundas da crosta e do manto.

Nas camadas graníticas e de transição da crosta, onde ainda ocorrem rochas de facies anfibolito de metamorfismo, a fusão ocorre na presença de água. [0]Assim, a uma profundidade de cerca de 10 km e mais, a temperatura do solidus é de cerca de 600 C. [0]Em direção à superfície, a Tc sobe para 940 C. [3]Sob uma distribuição normal de temperatura, o fundo da camada de transição tem uma velocidade de 6,8 km/s e uma densidade de 2,9 g/cm. [0]No aquecimento que conduz à fusão parcial, T no intervalo de profundidade correspondente da crosta é superior ao normal em 200-300 C, o que faz baixar a velocidade para 6,6 km/s. [0]Na camada basáltica da crosta, a fusão começa em condições secas com T de cerca de 950-1100 C. No manto também é considerado apenas

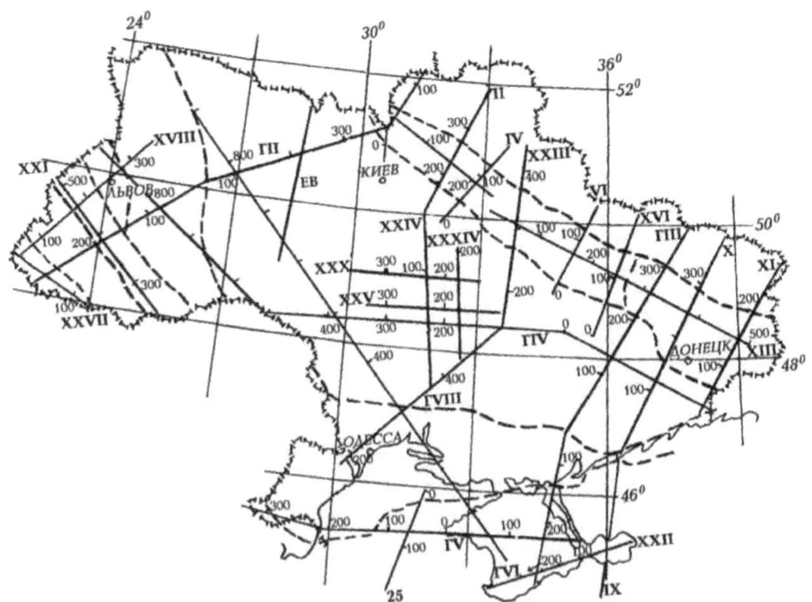

Fig. 3.2. Localização dos perfis HSZ no território da Ucrânia.

O índice G significa "geotraverse". EB - perfil do GSS "Eurobridge". As linhas a tracejado são os limites da região (ver Fig. 2.1).

solidus seco, uma vez que a concentração de água aqui é insignificante. 000000000A temperatura de solidus aceite (50 km - 1200 C, 100 - 1370 C, 150 - 1510 C, 200 - 1650 C, 250 - 1760 C, 300 - 1850 C, 350 -193 0C, 400 - 1980 C, 450 - 2020 C) caracteriza o início da fusão (concentração de fusão de cerca de 1%) "...sob a influência de elementos de impureza..." [27, c. 1265].

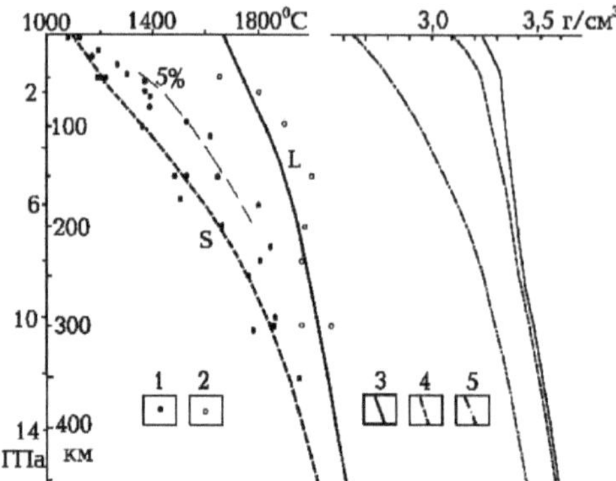

Figura 3.3. Estimativas aceites de solidus, liquidus e densidade das rochas do manto.

1, 2- dados experimentais (1 - solidus, 2 - liquidus), 3,4 - densidades das rochas do manto (3 - em T normal, 4 - em solidus), 5 - densidade da fusão basáltica.

Na Fig. 3.3 é comparada com o liquidus, que foi estudado num intervalo de profundidade maior [42 et al.]. [2]A curva T_c é aproximada para o intervalo de profundidade (H) 50-450 km pela expressão T_c =1013 + 3,914H - 0,0037H . [0]Após a transformação polimórfica das rochas perto da base do manto superior, a temperatura do solidus aumenta em 200-250 C. No intervalo superior (a profundidades de 40-240 km), a temperatura solidus é confirmada pelos resultados de um estudo independente das condições PT em fontes magmáticas do manto (até cerca de 250 km) [13]. Na Fig. 3.3 mostra-se também a curva liquidus das rochas do manto. [2]Esta é aproximada no mesmo intervalo de profundidade pela expressão T_l = 1665 + 1,772N - 0,0017N . A estimativa do grau de fusão das rochas do manto é significativa para o intervalo de profundidade de 50-200 km. Pode-se supor que aqui, no início da secção "eutectóide", a fusão atinge 5%. [0]Depois, com o aumento de T em cerca de 50 C, há um aumento até 30-35%.

A informação sobre a sua densidade é essencial para estimar os deslocamentos da matéria do manto. Estes são mostrados na Fig. 3.3. Aparentemente, a densidade do derretimento basáltico permanece menor que a densidade das rochas sólidas em todo o intervalo de profundidade em estudo. Mas para os magmas ultrabasais a situação pode ser diferente: já a cerca de 250 km a olivina fundida é mais densa que o sólido.

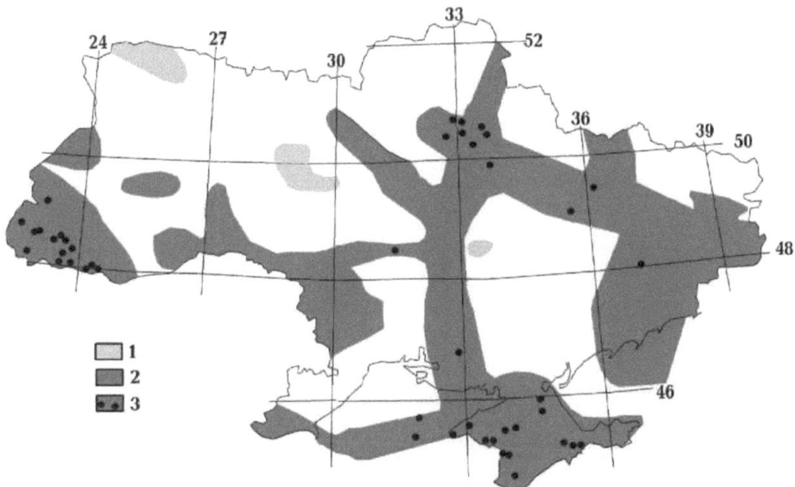

Fig. 3.4. Contornos de áreas de TG reduzido na crosta (1) e zonas de ativação moderna (2) da Ucrânia.

3 - pontos com isotopia anómala do hélio.

A construção de modelos térmicos para fontes instáveis está inteiramente ligada aos processos de profundidade que ocorrem no âmbito de diferentes regimes endógenos, de acordo com a hipótese de advecção-polimórfica aplicada pelos autores [11 e outros]. Para os modelos da tectonosfera ucraniana, os processos de ativação moderna (quase em todas as regiões), que começaram no manto há vários milhões, e na crosta - há centenas de milhares de anos, do geossinclinal alpino (Cárpatos) são importantes. Alguns vestígios nas temperaturas modernas foram deixados pelos processos hercínicos e pós-hercínicos do Donbass e pelos processos cimérios e pós-cimérios da placa cita. O procedimento bastante complicado de construção de modelos não é considerado aqui. Vamos apenas assinalar as zonas generalizadas de ativação moderna, cujos contornos são construídos de acordo com os dados do complexo de métodos geológicos e geofísicos (Fig. 3.4).

Como se pode ver na Fig. 3.4, a ativação moderna também ocorre no geossinclinal alpino dos Cárpatos.

3.2. Modelo térmico tridimensional de última geração

As temperaturas associadas a fontes instáveis de diferentes idades na crosta e no manto superior foram adicionadas às induzidas pela

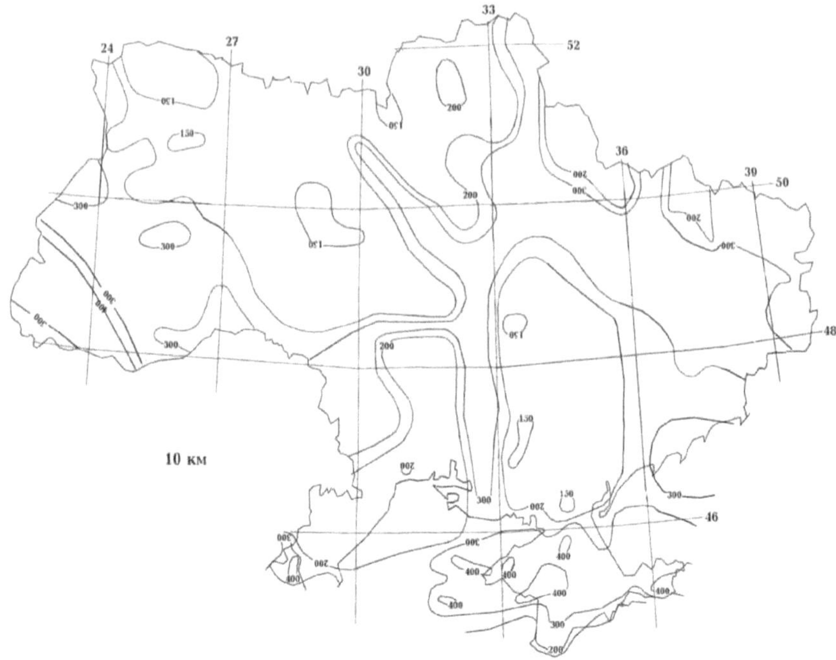

Figura 3.5. Distribuição da temperatura a uma profundidade de 10 km.

fontes praticamente estacionárias e formam um modelo térmico tridimensional moderno. É representado por vários mapas de fatias para o território da Ucrânia (Figs. 3.5-3.8).

As diferenças de temperatura à mesma profundidade entre as regiões da plataforma com campo praticamente estacionário e as zonas activas aumentam acentuadamente com a aproximação aos centros de fontes de calor não estacionárias no interior das zonas de ativação modernas e do geossinclinal alpino. ^{0}Atingem 350, 25km - 450, 50km - 650 e 75km - 900 C a 10km de profundidade. Esta lista não inclui pequenas áreas com reduzida produção de calor na crosta (ver Figuras 3.5-3.7). O grau de diferença em relação às áreas com temperaturas normais da plataforma de fundo torna-se menor a profundidades maiores. Os valores máximos de T são atingidos no interior do geossinclinal alpino dos Cárpatos, especialmente na sua parte interior - a Calha Transcarpática.

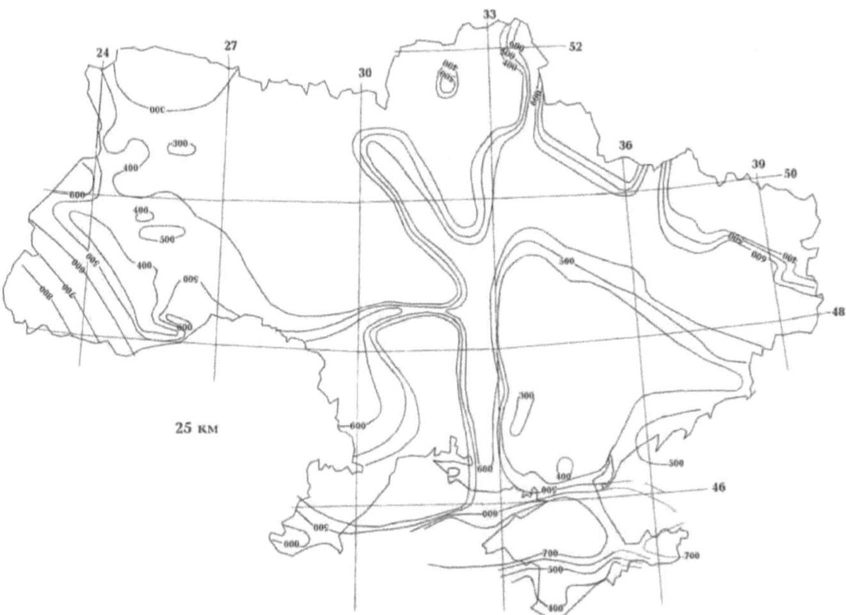

Figura 3.6. Distribuição da temperatura a uma profundidade de 25 km.

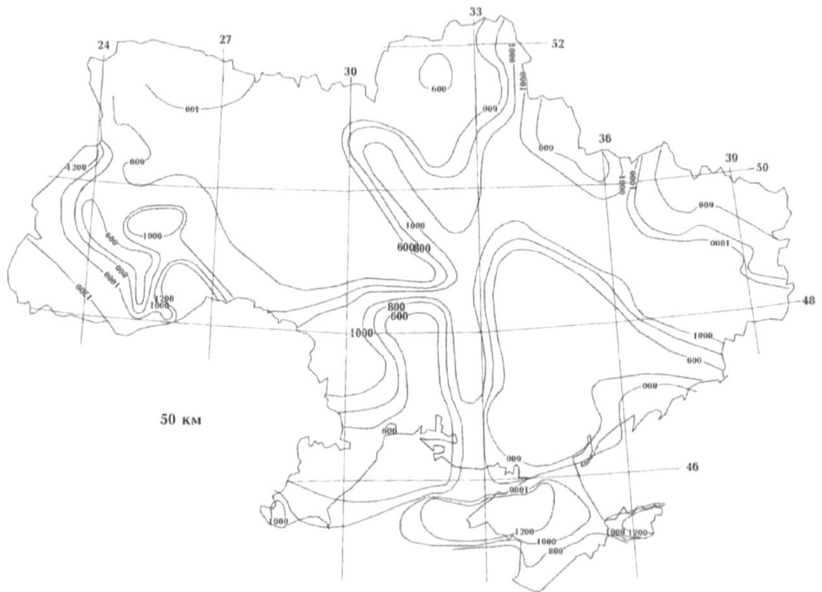

Figura 3.7. Distribuição da temperatura a uma profundidade de 50 km.

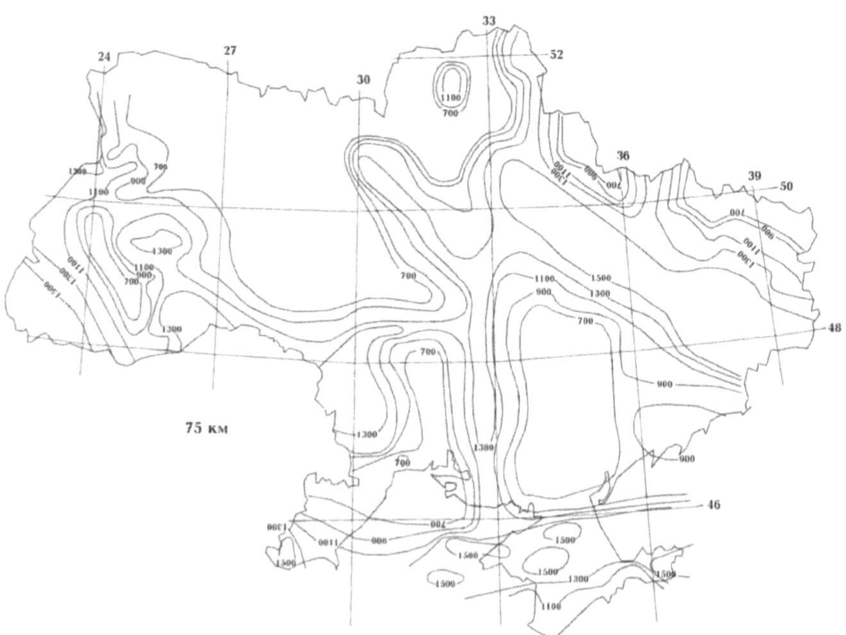

Figura 3.8. Distribuição da temperatura a uma profundidade de 75 km.

A comparação da profundidade T com as temperaturas solidus mostra que as zonas de fusão parcial são comuns não só nas profundidades máximas das regiões activas, mas também em alguns locais da crosta.

3.3. Validação do modelo

A forma mais óbvia de testar isto é com geotermómetros, mas só funciona bem para a crosta e o manto da plataforma.

As temperaturas calculadas são confirmadas por dados experimentais independentes. Mas as T anómalas do manto não se reflectem nestes últimos.

Nas condições de temperaturas e pressões do manto superior, a preservação das associações minerais que surgiram em regimes activos (no particularmente a temperaturas elevadas) é limitada no tempo. B

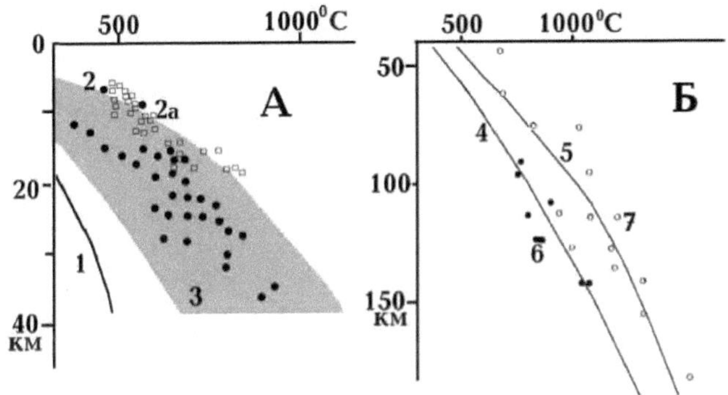

Fig. 3.9. Modelos térmicos da crosta (A) e do manto superior (B) da Ucrânia e dados de geotermómetros.

1 - modelo térmico calculado da crosta da plataforma com geração normal de calor nas rochas, 2 - dados sobre as condições RT de formação das rochas da crosta, abertas pela erosão na USH, 2a - nos maciços de Rakhiv e Marmarosh dos Cárpatos, 3 - gama calculada de T crustal nas activações (incluindo T nas margens das zonas activas), 4,5 - modelos térmicos calculados do manto da plataforma (4 - com TG reduzido, 5 - com TG normal), 6,7 - condições RT de formação

rochas trazidas à superfície por magmas kimberlíticos (6 - na zona com TG reduzido - no veio de Pripyat, 7 - na zona com TG normal - no escudo ucraniano).

Ao contrário da crosta, onde as condições de PT permitem que as associações persistam até ao aparecimento de um regime com T mais elevado, as rochas do manto regressam à mineralogia da plataforma após um tempo suficientemente longo sem ativação, ou seja, os xenólitos exportados podem servir de geotermómetros apenas para o regime da plataforma. Fora da Ucrânia existem áreas com outros dados sobre xenólitos - geotermómetros no manto. No nosso caso, é necessário referir os dados sobre as condições PT nos centros magmáticos que surgiram durante os períodos de desenvolvimento geosinclinal dos Cárpatos, Donbass, Crimeia e rifting - DDV. [00]Foram estabelecidas temperaturas médias a uma profundidade de cerca de 50 km - 1250 C e a 75 km - 1350 C. [00]Desvios do T dado - em média cerca de 50 C, também há desvios em 100 C. Ou seja, podemos afirmar que as temperaturas calculadas no manto e nas regiões activas são reais.

Um indicador peculiar da ativação da região (e, consequentemente, do modelo térmico anómalo do seu subsolo) é o teor de petróleo e gás. Este manifesta-se, naturalmente, apenas nas zonas onde existe material (carbono, hidrogénio "fornece" o próprio processo de ativação) para a formação de uma quantidade significativa de hidrocarbonetos [12]. Todas as áreas petrolíferas e gasíferas da Ucrânia estão incluídas nas zonas de ativação moderna.

A existência do assoalho do manto do processo profundo ativo é indicada pela isotopia anómala do hélio [21]. Foi registada nos Cárpatos, no DDV, na USH, no Donbas, na monoclina do sul da Ucrânia e na placa cita. A rede de observação é escassa e irregular, mas ainda assim podemos falar da deteção do pavimento do manto de fusão parcial na maioria das zonas de ativação (Fig. 3.4).

O controlo geofísico do modelo está associado à identificação de objectos com propriedades físicas anómalas das rochas, que surgiram sob a influência de temperaturas elevadas, fusão parcial, fluidização de parte da secção acima das camadas de fusão.

Na sua forma mais completa, pode ser efectuada com base nos dados do campo gravitacional universalmente estudado. Neste caso, a influência das altas temperaturas da subsuperfície manifesta-se claramente quando se considera a anomalia da gravidade do manto [9, 11, etc.] - a diferença entre o campo observado e o efeito da crosta e do manto normal. Em todas as zonas de ativação moderna na plataforma, observam-se as perturbações previstas (calculadas a partir da descompactação e compactação a partir das anomalias T) de intensidade menos 20-30 mGL, no Donbass são um pouco mais elevadas (até -40 mGL), na placa cita são ainda mais elevadas devido à influência de fontes descompactadas no manto do Mar Negro, e na região dos Cárpatos atingem -200 mGL (influência de anomalias que surgiram durante o processo geossinclinal alpino).

Objectos condutores anómalos nas partes média e superior da crosta, associados à ascensão de fluidos acima das zonas de fusão, são notados em todas as zonas geoeléctricas estudadas de ativação moderna (quase todas, apresentadas na Fig. 3.4). O cálculo mostra a sua correspondência com a concentração de fluidos formados. Quando coincidem com zonas de grafitização, a condutividade aumenta fortemente. É menos frequente estudar os condutores do manto associados ao mesmo processo e correspondentes à fusão parcial do manto subcrustal. No entanto, estes dados não são raros nos Urais, no Donbass, na região dos Cárpatos e na placa cita.

As anomalias de velocidade das ondas sísmicas correspondentes ao sobreaquecimento de partes da crosta e do manto superior nas zonas de ativação são identificadas esporadicamente nos Cárpatos, na placa cita, no DDV e no Donbass. A sua intensidade corresponde às anomalias de temperatura modeladas.

A soma das informações acima permite-nos afirmar que o controlo do modelo térmico tridimensional da crosta e dos horizontes superiores do manto da Ucrânia foi bem sucedido.

Capítulo 4. Recursos geotérmicos da Ucrânia

A importância do calor terrestre no balanço energético do mundo é ainda insignificante. Mas é a parte do sector energético que regista o crescimento mais rápido [26, 34, etc.]. A introdução, nos últimos anos, de novas tecnologias de extração de calor (bombas de calor, etc.) [34, 48, 51, etc.] demonstra a possibilidade de a geoenergia assumir um dos lugares de liderança no sector dos serviços públicos da indústria. Nos países desenvolvidos, cerca de um milhão de centrais de geo-energia para uso doméstico foram colocadas em funcionamento nos últimos anos. O aspeto ambiental também é atrativo: os sistemas modernos de geoenergia prevêem o retorno completo das águas profundas ao reservatório. Por conseguinte, a análise dos dados geotérmicos do ponto de vista da avaliação do potencial de recursos da energia térmica parece importante e relevante.

Este documento trata de estudos regionais com o objetivo específico de estimar a densidade de recursos (W). Embora a transição para a determinação das reservas de depósitos já seja viável atualmente, quando surgem tarefas específicas numa série de regiões da Ucrânia. De acordo com os requisitos desenvolvidos para outros minerais, essa estimativa pode ser realizada em diferentes variantes [24, 25, 38, 43, 44, etc.]: com diferentes graus de validade e com orientação para diferentes tecnologias de extração de calor. A mais aceitável (reflectindo plenamente o potencial energético da região) parece ser a tecnologia circulante de extração de calor a partir de rochas secas [38, 40, etc.]. Serão efectuados cálculos para esta tecnologia, que podem ser revistos, se necessário, tendo em conta os requisitos de outras tecnologias.

De acordo com o grau de fundamentação, os recursos são normalmente divididos em prospectivos (C3) e inferidos (P1 e P2). Na avaliação dos recursos da categoria P2, apenas é considerada a possibilidade de existirem condições para a formação de depósitos de energia geotérmica na região. A informação sobre a distribuição da temperatura na subsuperfície é obtida com base em dados geológicos e geofísicos (apenas parcialmente - dados geotérmicos), e a profundidade máxima de perfuração alcançável (10 km) é introduzida nos cálculos. Assume-se que o maciço rochoso pode ser arrefecido até à temperatura da superfície. Obviamente, apenas uma estimativa máxima é viável desta forma, o que é de pouca utilidade para identificar áreas específicas potencialmente promissoras para a extração de calor da Terra. Na avaliação dos recursos P1, são estudadas regiões para as quais a possibilidade de extração de energia já é, em princípio, clara. Os cálculos são feitos para profundidades de perfuração reais (até 6 quilómetros) e são tidos em conta os requisitos dos diferentes consumidores de energia para a temperatura do líquido de refrigeração na entrada do permutador de calor e na sua descarga. Os recursos C3 prospectivos têm também em conta a viabilidade económica da utilização do calor da terra, que se expressa na limitação a densidades em que a energia produzida pode competir com a fornecida pelas fontes convencionais.

A fronteira entre os recursos P1 e C3 desloca-se com as mudanças na tecnologia e o custo da energia de fontes convencionais. Por isso, os autores procuraram efetuar cálculos para todo o território da Ucrânia, estipulando o nível W que reflecte a posição atual da fronteira P1 e C3. ^{0}Neste caso, vamos concentrar-nos nos recursos adequados para utilização no fornecimento de calor, ou seja, para a extração de água do sistema de geocirculação (GCS) a uma temperatura de 60 C e a sua descarga a 200C. Estes são os recursos máximos, uma vez que para o aquecimento e a produção de eletricidade

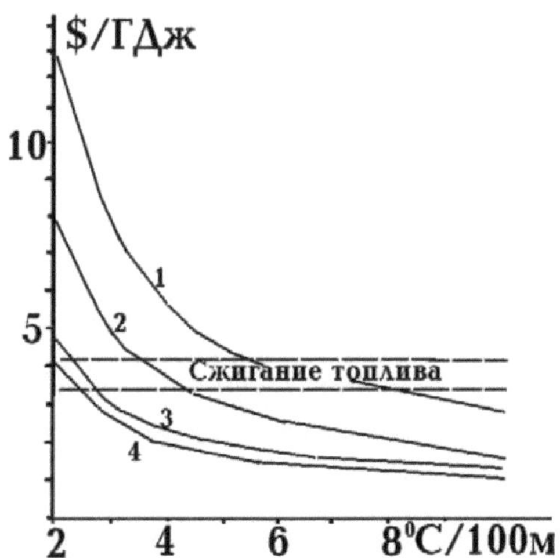

Fig. 4.1 Custo das vendas

produtos dos HCC de fornecimento de calor em função das condições geotérmicas e do nível tecnológico. Modelo económico da MTI 1990 [51].

1-4 são opções para a tecnologia HCC.

^{00}(vapor para turbinas) necessitam de 100-40 C e 210-70 C, respetivamente. A abordagem adoptada permite a utilização de resultados internacionalmente reconhecidos de avaliações económicas realizadas no Instituto de Tecnologia de Massachusetts, apresentados na Fig. 4.1. ^{0}Estes indicam que a rentabilidade da produção de energia geotérmica por GTS é alcançada para as tecnologias mais avançadas ao nível do gradiente geotérmico (γ) de 2,0-2,5 C/100m. Um exemplo de utilização prática da energia térmica numa área com este valor de γ também está disponível na Ucrânia.

Há uma caraterística da atual fonte de energia geotérmica que é frequentemente deturpada. Trata-se da sua classificação como renovável. Em princípio, é verdade: o calor extraído do subsolo será compensado pelo calor que vem de baixo. Mas a taxa de renovação, de acordo com as propriedades térmicas reais do ambiente, é incomparavelmente maior do que a história conhecida da humanidade, ou seja, praticamente nula.

4.1. Metodologia de cálculo

O cálculo da densidade de recursos térmicos é efectuado da seguinte forma [25 et al:]

$$W = N \cdot K \cdot C\rho \, \Delta T(H_3 - H_B)$$

$^{-10}$em que N é a taxa de consumo de combustível para aquecimento comercial - 0,34,10 t e.c./J (t e.c./J. ^{3}- tonelada de equivalente-combustível: em 1t de petróleo - 1,47 t c.t., em 1t de hulha - 0,9 t c.t., 1t de condensado - 1,54 t c.t., 1000m de gás - 1,25 t c.t., $^{3\ 00}$1 t de lignite - 0,49 t c.e.), K - coeficiente de extração de temperatura (tomado em [25] como 0,125), *Cp* - capacidade calorífica volumétrica das rochas, que pode ser considerada praticamente constante - 2,5.$_{106}$ J/m C, Δ T - diferença de temperatura do refrigerante e da descarga - 40 C, $_{Nz}$ - profundidade do furo de fundo em que se determina o T inferior. ^{2}Assim, W = 0,000425($_{Nz}$ - $_{Nv}$) em t c.t./m a H em m.

$_{3B}$A profundidade $_{Hv}$ é a temperatura que fornece a média T no intervalo H - H , igual a $_{600C}$. $_{3T}$É definida como (T - T)/0,5 *γ*, onde $_{Tt}$ é a temperatura do meio de transferência de calor, *γ é o* gradiente geotérmico médio no intervalo.

Se a T no ponto mais baixo for elevada, parece que o ponto superior fica acima da superfície. ^{00}Para evitar esta situação, é imposta uma restrição à T no ponto superior: deve ser 10 C acima da temperatura da água de descarga, ou seja, 30 C. ^{0}Neste caso, deve ser tida em conta a diferença entre a T média da água produzida e o valor padrão de 60 C. Isto cria um multiplicador adicional na fórmula de cálculo de W, que é ($_{Tcp}$ -20)/40.

Assim, a tarefa reduz-se ao cálculo de T para uma dada região (dada a distribuição da condutividade térmica em função da profundidade) em diferentes reais para os fluxos de calor profundos da região e ao cálculo subsequente de W para a profundidade de perfuração de 6000 m (foram também efectuados cálculos para 4500 e 3000 m). ^{00}Tendo em conta a temperatura específica da superfície no local do cálculo de T profundo, obtêm-se variações dos valores de W até ±4 % (por exemplo, quando 8 C é substituído por 6 ÷ 10 C). Por conseguinte, em princípio, é possível introduzir um T0 em cada região aquando do cálculo de T por GTP.

É evidente que o coeficiente de extração térmica não é uma constante. Tem de ser determinado com referência às condições reais do procedimento em causa.

O cálculo mostra que faz sentido ter em conta nem todos os parâmetros do processo. Em primeiro lugar, a anomalia de temperatura durante todo o tempo de funcionamento do sistema não ultrapassa visivelmente a zona fracturada. O tempo de existência do sistema pode ser uma limitação. Está relacionado com o assoreamento da zona fracturada à volta do poço, devido ao qual a água reinjectada deixa de ser assimilada na quantidade necessária, o consumo de energia para o funcionamento das bombas de injeção aumenta, etc. De acordo com os dados conhecidos, é possível aceitar uma duração de funcionamento do HCC de 25 anos. [0]Se não for excedido, o momento da cessação da extração de calor é quando a temperatura média no reservatório do qual a água é bombeada atinge 60 C.

Determinemos o tempo de operação. De acordo com [51 et al.], a espessura da camada em que a fracturação é criada pode atingir 500 m. A dimensão da área fracturada em planta é estimada em 250x250 m. A porosidade ligada é de aproximadamente 0,1 do volume da rocha. A sua alteração não afecta significativamente o resultado: dependendo da porosidade, o enchimento do sistema com a mesma capacidade da bomba de injeção será mais frequente (com um efeito térmico unitário menor) ou raro (com um efeito unitário maior).

[3]A quantidade de água injectada com custos de energia aceitáveis para a bombagem é de 1000-7000 m /dia. [3]Com um valor real (simplificando o cálculo) de 4300 m /dia, o sistema poroso é preenchido em 2 anos. [603]O decréscimo de T em volume é $_{Ta1}$ = 0,167dT (tendo em conta o rácio das capacidades caloríficas volumétricas da água - 4,18.10 J/ S.m - e da rocha).

^{0}dT é a diferença entre a T média a profundidades de 5500-6000m e 20 C. O cálculo mostra que a anomalia resultante é completamente preservada no objeto (não só durante dois anos, mas também durante todo o período real de cálculos). $_{a2a1ai}$Por conseguinte, T = 0,167(dT - T) e assim sucessivamente até que (dT - soma de T) seja $_{400C}$.

^{0}O tempo estimado para uma profundidade de perfuração de 6 km é de 8-23 anos para gradientes geotérmicos de 2-6 C/100 m, e de 1,5-13 anos para 3 km. ^{00}Assim, o tempo de vida do sistema não é excedido e K pode ser definido (T0=10 C) como (5750γ - 50)/(6000 - 20/γ)6γ, onde γ- em C/m. K está em γ= 0,02 - 0,108, 0,03 - 0,127, 0,04 - 0,136, 0,05 - 0,141.

Nas regiões, as temperaturas em profundidade foram calculadas a partir dos valores TP em profundidade (os valores observados não são adequados para este fim quando se trata de grandes profundidades) para uma distribuição estacionária, e as correcções efectuadas foram excluídas dos valores T calculados. Na bacia do Dnieper-Donets (DDB), foi mais conveniente não excluir a correção hidrogeológica, mas introduzir uma condutividade térmica ligeiramente aumentada na parte superior da secção.

.^{0}Os valores das condutividades térmicas efectivas médias (λ) das rochas nos intervalos de profundidade 0-1,5, 1,5-3, 3-4,5, e 4,5-6 km dados na Tabela 4.1 (em W/m C) foram utilizados para os cálculos.

Tabela 4.1.

Δ H, km	11	10	9-10	9	7	1и2
0-1,5	1,85	2,65	2,45	1.8	2.1	2,65
1,5-3	2,65	2,65	2,45	2.25	2.65	2,65
3-4,5	2,65	2,65	2,45	2,65	2.65	2,65
4,5-6	2,65	2,65	2,45	2,65	2,65	2,65
0-6	2,39	2,65	2,45	2,28	2,49	2,65

Δ H, km	1,2 vertentes	3-Tábua	3	4	5	6
0-1,5	1,7	1,8	1,8	2	1.8	1.6
1,5-3	2,65	2,05	2,05	2.1	2.2	2.05
3-4,5	2,65	2,65	2,2	2.3	2.65	2.5
4,5-6	2,65	2,65	2,3	2,5	2,65	2,65
0-6	2,32	2,22	2,07	2,21	2,27	2,12

Números das regiões: 11 - Transcarpática, 10 - Cárpatos Dobrados, 9 - Calha Pré-Cárpática, 7 - Placa Volyno-Podolsk, 1 - Escudo Ucraniano, 6 - DDV, 2 - vertente do Maciço de Voronezh, 4 - Donbass, 5 - Monoclinal Sul Ucraniano, 6 - Placa Cita.

O método proposto para calcular a profundidade T contém fontes óbvias de erros, em primeiro lugar - a não consideração dos valores reais da condutividade térmica no ponto de cálculo. Por conseguinte, para todas as regiões, o T calculado e o T medido foram comparados nas profundidades máximas de medição. As excepções foram a USH e as suas encostas, onde praticamente não existem furos profundos (exceto para Krivoy Rog e Kirovograd com profundidades de 5 e 3 km, respetivamente). [00]Os histogramas construídos revelam valores modais de desvios nos Cárpatos, Transcarpácia, Predocarpácia e Donbass de cerca de 1 C, no DDV, Crimeia, placa de Volyno-Podolsk e monoclina do Sul da Ucrânia - 3-4 C. As diferenças só aumentam acentuadamente nas zonas com salinas espessas, mas estas não são adequadas para a criação de HCS. Assim, os erros de cálculo de T não podem afetar visivelmente a determinação do valor de W: o erro previsto é de até 10%, o que é comparável ao erro de GTP.

Vamos determinar o nível W, que limita as áreas com a categoria de densidade de recursos c_3. [02]Para um gradiente geotérmico mínimo de 2 C/100 m é de 2,5 t c.t./m . A Tabela 4.2 resume os valores de GTP em diferentes regiões da

Ucrânia que correspondem a este e a outros valores W. Obviamente, a relação entre a densidade dos recursos geotérmicos e o valor do fluxo de calor profundo é bastante complicada, especialmente para grandes valores de W.

Tabela 4.2.

W, c.t./m^2	t^2TP, mW/m nas regiões											
	11	10	9 - 10	9	7	1и2	1,2-declives	3-tábuas	3	4	5	6
3		59	54	50	55	59	51	49	46	49	50	
4		69	64	60	65	69	60		54	58	59	56
5	73	80	74	69	75	79			62	67	68	64
6	82			79						76		73
7	92									85		81
8	10											
9	11											
10	12											
TPSzmin	48	53	49	46	50	53	46	44	41	44	45	42

Obviamente, as densidades de recursos que se enquadram na categoria c3 estão bastante generalizadas.

É de algum interesse comparar os valores de W com os dados relativos aos campos de hidrocarbonetos. Consideremos a densidade das reservas de energia, que podem ser obtidas sob a forma de calor comercializável de um grande campo de petróleo no Extremo Oriente (sem levar em conta os custos de energia para o transporte de petróleo e com eficiência de conversão em calor útil de 0,8). [3]Assumamos os seguintes parâmetros reais do campo: espessura da camada produtiva - 180m, porosidade das rochas reservatório - 0,15, fator de preenchimento dos poros - 0,75, fator de recuperabilidade - 0,37, densidade do petróleo - 0,8 t/m . ²Obtemos 8,8 t c.t./m . Num campo pouco profundo (que nas condições da Ucrânia é considerado rentável para explorar na presença de poços prontos) a densidade das reservas é uma ordem de grandeza inferior.

Assim, mesmo em termos de concentração, a energia geotérmica é comparável, nalgumas zonas, à concentrada nos campos de hidrocarbonetos tradicionalmente utilizados. A sua área de distribuição é incomparavelmente maior.

O cálculo de K acima referido pressupõe uma metodologia de extração de calor "pontual". Neste sentido, o valor de W (w_6) parece estar fortemente subestimado. É óbvio que a extração de energia pode ser continuada mesmo depois de esgotada a sua fonte a uma profundidade de 5,5-6 km (possivelmente sem perfurar poços adicionais). ⁰Parece possível obter energia de profundidades de pelo menos 2,5-3 km com um gradiente geotérmico de 2 C/100m. Efectuando os cálculos correspondentes para outras profundidades do fundo do intervalo explorado (H, em km), obtemos valores W = (0,427H - 0,07)(γ - 2,7 + 0,3H). ²Por exemplo, para um fluxo de calor típico de 45 mW/m, o valor "total" de W aumentará em comparação com W6 por um fator de 4,5. Note-se, a propósito, que utilizando dados sobre regiões caracterizadas por diferentes valores de w_6, é fácil obter (para a gama W6 2,5-10) W3 = 0,53(W6 - 1,5) e $W_{4,5}$ = 0,78(W6 -0,8).

4.2. Dados iniciais

No caso considerado, o cálculo da densidade dos recursos geotérmicos baseou-se nos valores do fluxo de calor pré-determinado. O estudo do território da Ucrânia (conseguido principalmente pelos esforços dos autores) sobre este parâmetro é único. Por isso, é aqui que é conveniente demonstrar as possibilidades potenciais de utilização do calor da Terra em regiões que, na sua maioria, não se distinguem por um potencial energético particularmente grande.

Para além da grande quantidade de informação sobre o fluxo de calor, a Ucrânia caracteriza-se pela utilização de valores TP em profundidade. Este termo implica a introdução de correcções nos valores observados para ter em conta a influência das distorções próximas da superfície (ver capítulo 1).

Devido à natureza regional do estudo, foi calculada a média dos valores de GTP em poços que estavam próximos uns dos outros (dentro de um minuto de latitude e longitude). Como resultado, 5.600 pontos estão representados nos diagramas abaixo. A densidade da rede de determinações de GTP é muito irregular. É evidente que a maioria dos valores são obtidos em zonas de exploração de petróleo e gás e de carvão e em territórios locais de jazidas de minério. Noutros locais (em primeiro lugar, na maior parte da USH e nas suas encostas, na encosta do maciço de Voronezh, numa parte dos Cárpatos dobrados), as "manchas brancas" estão espalhadas.

Fig. 4.2. Fluxo de calor de profundidade no território da Ucrânia e da Moldávia.

A distribuição do GTP é apresentada na Fig. 4.2. 4.2. Esta versão do mapa é a última, sendo um pouco mais completa do que a apresentada em [36].

[22]A diferença entre os valores máximos de GTP na Calha Transcarpática (120-

130 mW/m) e os valores mínimos no Escudo Ucraniano (30-35 mW/m) atinge 4 vezes, os valores de W calculados diferem ainda mais (ver abaixo). Mesmo antes de calcular a densidade dos recursos geotérmicos, pode presumir-se que estes se concentram predominantemente em três grandes bacias: ocidental, meridional e oriental, separadas por uma área no centro da Ucrânia com recursos mínimos.

O estudo pormenorizado da maioria das regiões da Ucrânia permite-nos identificar outra caraterística do campo, que não é diagnosticada com uma rede esparsa de medições. Trata-se de anomalias locais. A maioria delas não pode ser mostrada nos mapas abaixo, mas é nelas que se pode obter o máximo de energia geotérmica na região (Fig. 4.3).

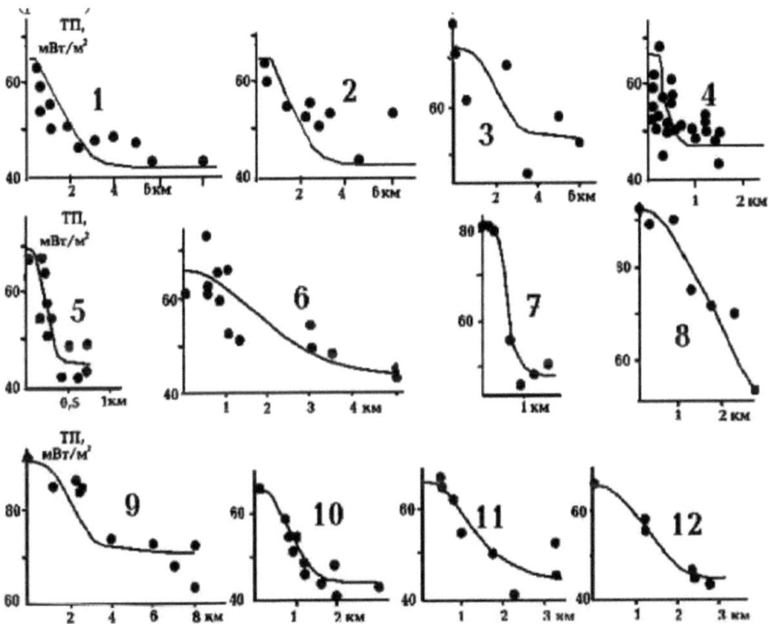

Fig. 4.3. Anomalias locais de TP profundo em diferentes regiões da Ucrânia.

Regiões (áreas estudadas): Placa de Volyno-Podolsk (1 - Lokachinskaya, 2 - Velikomostovskaya, 3 - Yavorovskaya), calha de Precarpathian (4 - Letnyanskaya), escudo ucraniano (5 - Yurievskaya, 6 - Kirovogradskaya),

Donbass (7 - Mikhailovskaya, 8 - Konstantinovskaya), placa cita (9 - Novoselovskaya), depressão Dnieper-Donets (10 - anomalia composta para várias zonas da parte central da DDS, 11 - Malodevitskaya, 12 - Yablunovskaya). Pontos - valores experimentais de GTP, linhas - calculados.

[22]A dimensão da secção transversal das anomalias é a dos primeiros quilómetros, a intensidade da perturbação (excesso em relação ao fundo local) é bastante uniforme - cerca de 20 mW/m , o que corresponde a um aumento de W (ver quadro 4.2) de cerca de 2 t.u.t.m . Os dados geológicos e os cálculos especiais mostram que as anomalias se limitam às zonas onde os fluidos aquecidos se aproximam ou vêm à superfície, cuja fonte se situa a uma profundidade de 6-7 km nas zonas de ativação moderna [1, 16, 22, 43, 44, etc.].

A largura da zona permeável, através da qual os fluidos se deslocam, parece ser pequena - ao nível das primeiras centenas de metros. Independentemente dos dados geotérmicos, o mesmo modelo foi construído por A.E. Lukin numa das estruturas portadoras de petróleo e gás do Extremo Oriente [33] - Fig. 4.4. 4.4. É de notar que os parâmetros do sistema de circulação são próximos em todos os casos, apesar da heterogeneidade tectónica das regiões estudadas.

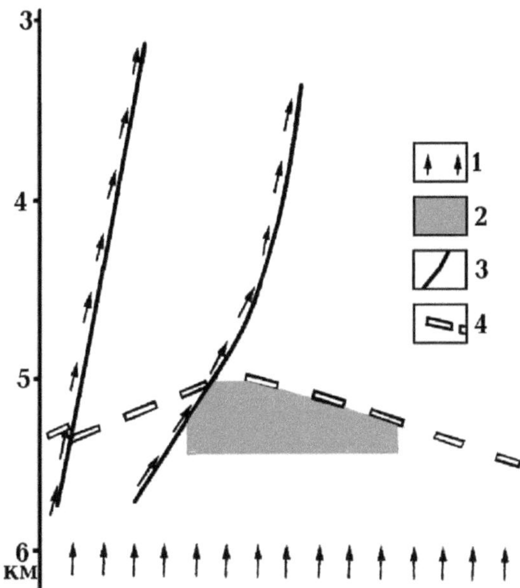

Fig. 4.4 Injeção de águas profundas ao longo de perturbações no campo Machekhskoye (de acordo com [33] com simplificações).

1- direção.

movimentos de fluidos profundos a alta pressão, 2 - depósito de gás, 3 - perturbação, 4 - superfície de inconformidade (ecrã?).

Assim, já na fase de realização dos estudos regionais, podemos falar da deteção de

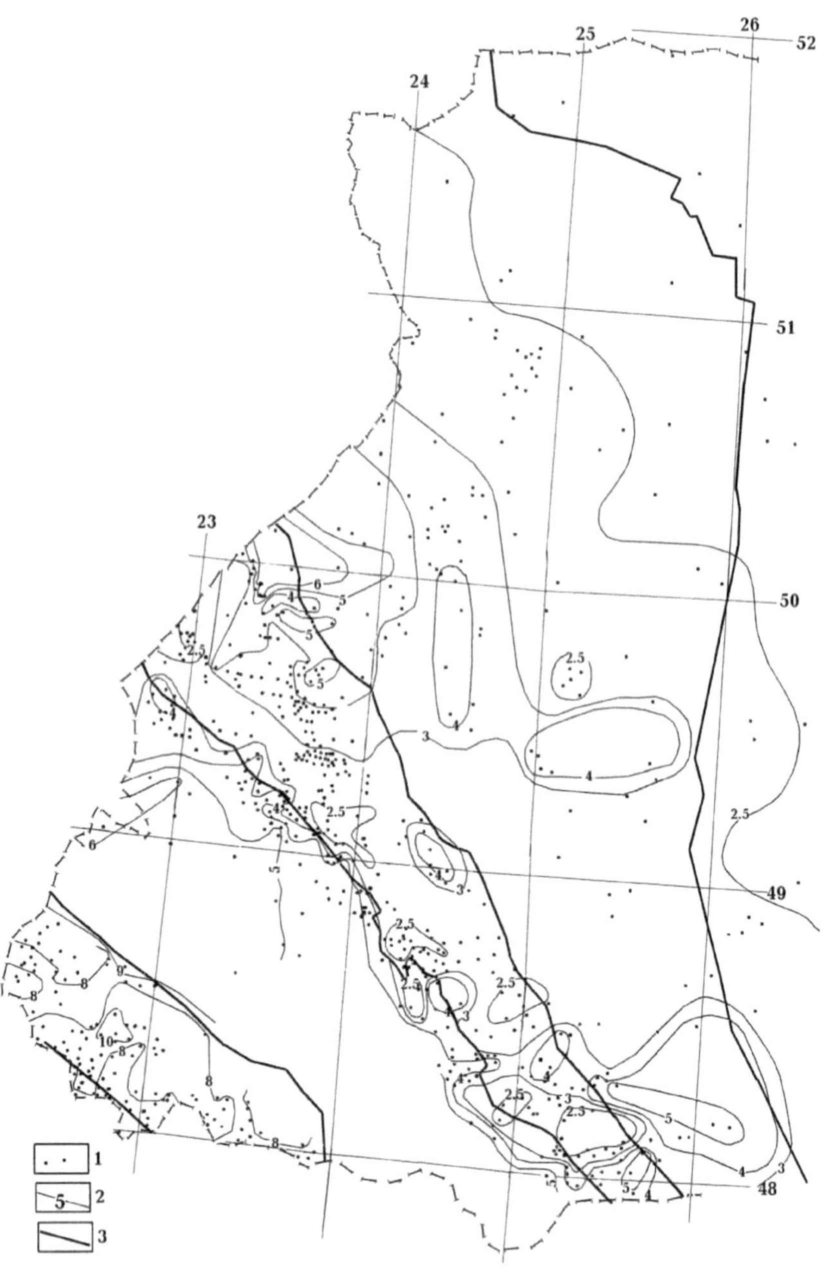

Fig. 4.5. Recursos geotérmicos da Ucrânia Ocidental.

$_{6}{}^{2}$1 - pontos de determinação dos valores de W, 2 - isolinhas de W (em t.u.t./m

), 3 - limites das unidades tectónicas. De sudoeste para nordeste: margem do Depressão da Panónia, Calha Transcarpática, Cárpatos Dobrados, Calha Precarpática, Placa Volyno-Podoliana.

Depósitos de energia geotérmica, que se encontram praticamente em todas as regiões da Ucrânia, incluindo o Escudo Ucraniano, cujas perspectivas para este tipo de mineral são geralmente baixas.

Os dados apresentados sublinham a necessidade de estudos geotérmicos especiais destinados precisamente a estudar o potencial energético, e não apenas a resolver os problemas do estudo geológico e geofísico regional da Terra.

4.3. Distribuição dos recursos geotérmicos

A distribuição dos recursos geotérmicos na bacia ocidental é apresentada na Fig. 4.5. 4.5.

Na placa Volyn-Podolsk, o nível W6 é determinado pela transição de valores baixos da vertente do escudo para valores elevados no geossinclinal dos Cárpatos, que se encontra na fase de ativação pós-geossinclinal. Na parte norte existe uma zona de W extremamente baixo (muito inferior ao custo-benefício) no lugar da anomalia negativa do fluxo de calor de Volyn. [2]O nível médio de concentração de energia geotérmica é baixo - de 1,5-2 a 2,5 t c.e./m . [2]Valores elevados de W6 são observados apenas nas anomalias de fluxo de calor de Yavorivka, Ternopil e Chernivtsi (até 4-5 tce/m). Estas perturbações estão confinadas a zonas de ativação moderna, onde também se observam outros sinais geológicos e geofísicos de tal processo.

Aproximadamente a mesma imagem foi obtida para a Calha Precarpática (assente - exceto na margem sudoeste - no embasamento pré-cambriano), onde os valores típicos do fluxo de calor são pequenos e o crescimento do TP é notório apenas nas partes ocidentais das anomalias de Yavorivka e Chernovtsy e na fronteira com os Cárpatos Dobrados.

Nos Cárpatos Dobrados, o campo térmico foi estudado principalmente na Zona Skib, que é parcialmente empurrada sobre a calha avançada. Na parte principal da região, os furos de sondagem estudados são raros, formando uma grande "mancha branca" (Fig. 4.5). ^{2}Os valores de W6 são em média 3,5 tce/m , apesar do GTP bastante elevado. Isto deve-se ao valor significativo da condutividade térmica da rocha, que diminui o gradiente geotérmico.

No vale Transcarpático, os valores de W6 são máximos para o território da Ucrânia. ^{2}Nalgumas zonas atinge 10 tce/m . Naturalmente, esta região parece ser a mais prometedora para a utilização do calor da Terra. Aqui é extraída água quente para fins balneológicos e de aquecimento, tendo sido planeada a construção de uma central geotérmica. No entanto, a estrutura destinada a essa central está atualmente a ser utilizada como depósito subterrâneo de gás para um gasoduto de trânsito.

Na quantidade total de recursos da bacia ocidental, a placa Volyno-Podolsk desempenha um papel bastante significativo (apesar do W6 universalmente baixo) devido à sua grande área. Um total de 0,25 triliões de toneladas de equivalente de combustível foi acumulado na bacia (estamos a falar do intervalo de profundidade de 5,5-6 km, cujos recursos podem ser significativamente complementados por aqueles localizados a profundidades mais rasas - ver acima).

^{2}Na bacia do sul (Fig. 4.6), durante a transição da vertente do Escudo Ucraniano para a monoclina do sul da Ucrânia e depois para a placa cita, observa-se um aumento gradual do valor W6 de norte para sul de 2,5 para 3,5-4 tcf/m. ^{2}Na Crimeia, no Norte de Dobrudja e na calha de Pridobrudja, distinguem-se anomalias com intensidade até 7 tce/m nas zonas estudadas pelo complexo de métodos geológicos e geofísicos.

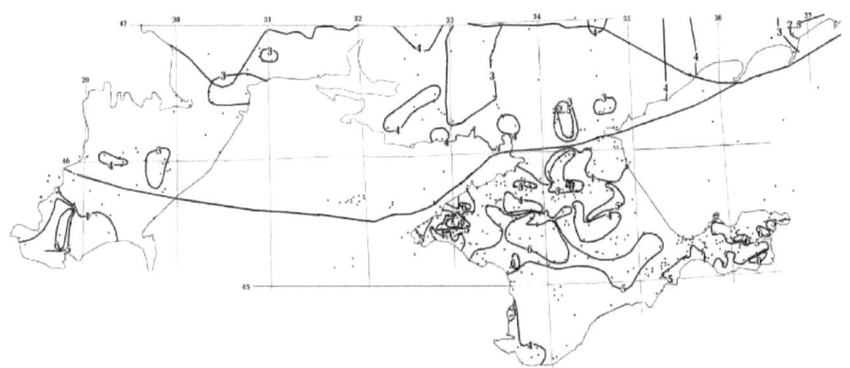

Fig. 4.6. Recursos geotérmicos no sul da Ucrânia.

Ver a Fig. 4.5 para a rotulagem. 4.5.

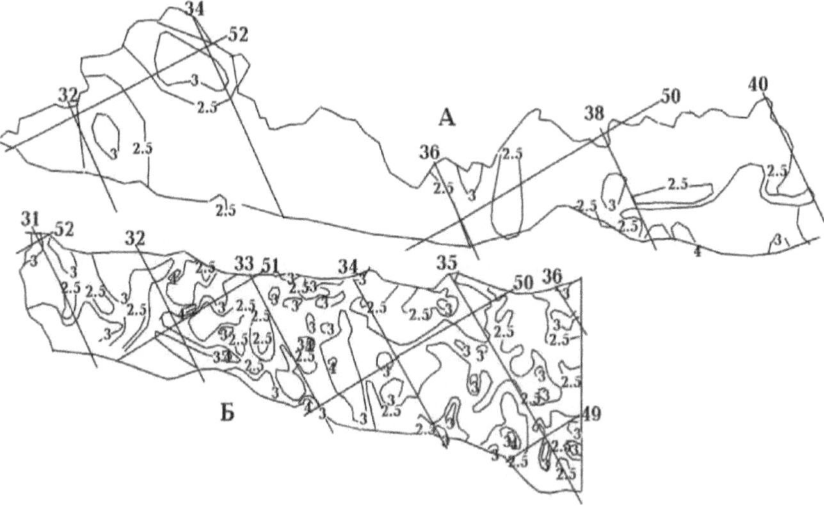

Fig. 4.7. Recursos geotérmicos da vertente do maciço de Voronezh (A) e da depressão do Dnieper-Donets (B).

Ver Fig. 4.5 para a rotulagem. 4.5. de ativação moderna. Para alguns deles, foi estabelecido que o aquecimento de estratos com vários quilómetros de espessura por fluidos quentes profundos está confinado [16, etc.].

A quantidade total de recursos geotérmicos na bacia é bastante significativa devido à sua grande área - 0,3 triliões de tce.

Em partes da bacia oriental, o estudo do campo de calor é fundamentalmente diferente. Em Donbass, é máximo (6500 determinações de fluxo de calor único), e na encosta do maciço de Voronezh não excede o alcançado no Escudo Ucraniano. Por isso, as partes da bacia são apresentadas numa escala diferente (Figs. 4.7 e 4.8).

Na encosta do maciço de Voronezh, foram também utilizados dados relativos ao território da Rússia na construção do esquema de distribuição do W6. Este facto alterou apenas parcialmente a possibilidade de identificar áreas com valores W rentáveis; são comuns as "manchas brancas". [2]Apenas na fronteira com Donbass aparece uma pequena área com valores do parâmetro superiores a 4 t c.u.t./m.

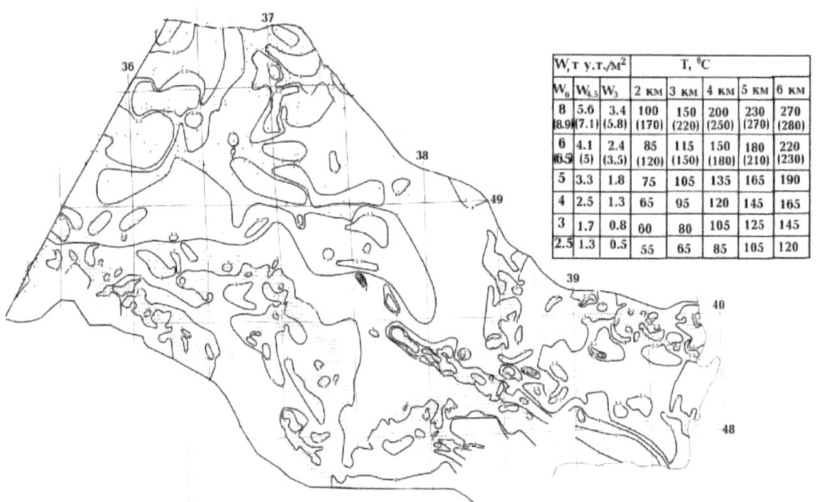

W, т у.т./м^2			T, ^{0}C				
W_6	$W_{4.5}$	W_3	2 км	3 км	4 км	5 км	6 км
8 (8.9)	5.6 (7.1)	3.4 (5.8)	100 (170)	150 (220)	200 (250)	230 (270)	270 (280)
6 (6.5)	4.1 (5)	2.4 (3.5)	85 (120)	115 (150)	150 (180)	180 (210)	220 (230)
5	3.3	1.8	75	105	135	165	190
4	2.5	1.3	65	95	120	145	165
3	1.7	0.8	60	80	105	125	145
2.5	1.3	0.5	55	65	85	105	120

Fig. 4.8. Recursos geotérmicos do Donbass.

Ver a Fig. 4.5 para a rotulagem. 4.5.

Na bacia do Dnieper-Donets, é óbvio que existe uma distribuição bastante significativa de áreas com recursos geotérmicos promissores. [2]No entanto, as concentrações habituais de energia geotérmica na bacia do Dnieper-Donets são pequenas - cerca de 2,5-3 tce/m . [2]Só raramente existem áreas com W6 superior a 4 t c.u.t./m (as excepções são discutidas acima). Neste caso, a fronteira entre o DV e o Donbass é traçada de forma bastante convencional: uma área de transição bastante extensa é substituída por uma linha reta que separa aproximadamente o território com uma rede de observação mais densa nos campos de minas do Donbass de uma rede visivelmente menos densa nos campos de hidrocarbonetos na bacia do Dneprovsk-Donets (Fig. 4.7).

No Donbass, a concentração de energia geotérmica é muito mais elevada do que no DDV (Fig. 4.8). No entanto, aqui os principais aumentos nos valores calculados de W6 estão associados ao movimento da água ao longo de zonas de falhas permeáveis. A distribuição da temperatura nestas zonas com a profundidade (até 6 km) é praticamente estacionária, embora deva diferir da calculada com a fórmula utilizada. Não é difícil refiná-la, mas esta operação faz sentido em estudos mais pormenorizados. Neste caso, é pouco provável que ocorram alterações radicais em W6. O golpe subparalelo de falhas perto dos eixos das anticlinais Principal e Druzhkov-Konstantinovskaya provavelmente leva a uma extensão significativa das anomalias térmicas. Por isso, elas são manifestadas no mapa construído (Fig. 4.8).

[22]A concentração média de energia geotérmica em Donbass é de cerca de 4-4,5 t c.u.t./m , aumentando na parte noroeste do anticlíneo principal e no sudoeste de Donbass para 6-7 t c.u.t./m . As anomalias de W6 estão bastante difundidas na região. Deve-se notar apenas que os valores do parâmetro calculado na parte sudoeste com baixa espessura da cobertura sedimentar são um pouco sobrestimados.

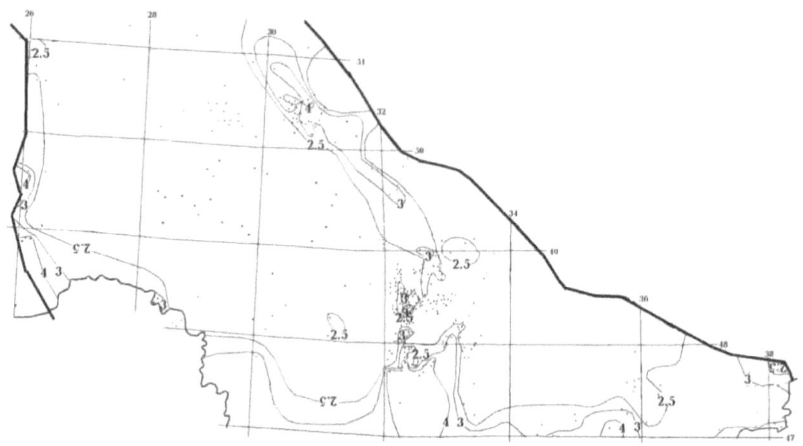

Fig. 4.9. Recursos geoenergéticos do Escudo Ucraniano e das suas vertentes. Ver a Fig. 4.5 para a rotulagem. 4.5.

Os cálculos aqui efectuados utilizaram o mesmo valor λ que noutras áreas da região. De facto, um intervalo de profundidade significativo é representado por rochas do subsolo cristalino com uma condutividade térmica média 15-20% superior. A comparação das temperaturas observadas e calculadas não revela o erro permitido, porque a profundidade dos furos onde T foi medida não é suficientemente grande (cerca de 1 km).

A soma dos recursos geoenergéticos na bacia oriental é de cerca de 0,4 biliões de toneladas de equivalente combustível.

Como já foi referido, o estudo deficiente da maior parte da SC torna impossível caraterizar o campo térmico em áreas significativas da SC. Isto, evidentemente, também se aplica à distribuição de W. Os dados apresentados na Fig. 4.9 mostram que áreas com recursos c3 promissores podem ocorrer no escudo e nas suas encostas, mas a sua identificação e estudo estão ainda por efetuar no futuro. [2]Estendendo a ideia de um baixo fluxo de calor a todo o escudo para além da anomalia de Kirovograd (e de algumas outras perturbações TP menores), podemos estimar o valor médio de W6 em 1,8 tce/m .

No nordeste do escudo (já dentro da Bielorrússia), uma zona de valores relativamente altos de W6 aparece no Pripyat Trough. No entanto, praticamente todo o maciço bielorrusso e o veio de Pripyat pertencem à zona de TP e, respetivamente, W.

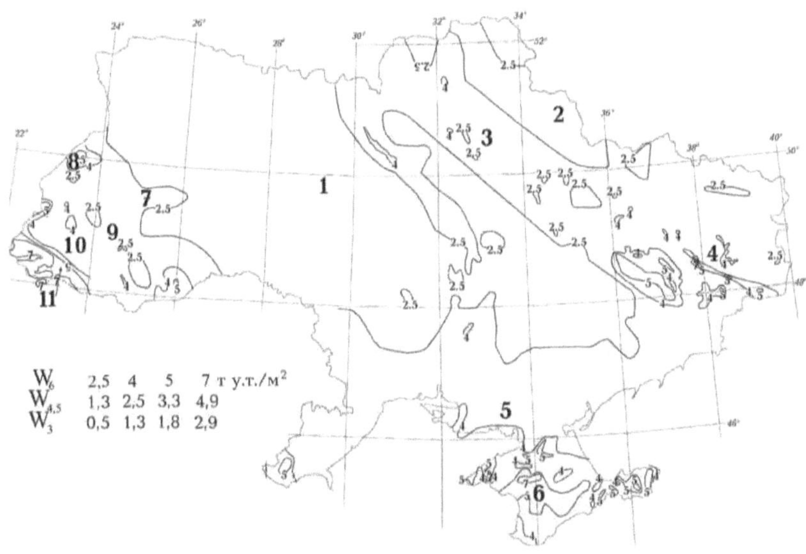

Fig. 4.10. Distribuição regional de W no território da Ucrânia.

Figuras - regiões tectónicas da Ucrânia (ver Quadro 4.1).

O território pouco estudado do Escudo Ucraniano e o aparecimento de anomalias TP bastante intensas nas partes mais exploradas do escudo indicam a possibilidade de detetar aqui, no futuro, pelo menos algumas zonas com recursos geotérmicos promissores. A sua deteção é provável dentro dos limites da anomalia do Dnieper ainda não totalmente traçada na vertente nordeste do escudo. Apenas as áreas da parte noroeste do Escudo e o território adjacente da placa Volyno-Podolsk, bem como algumas áreas na parte norte do Escudo, onde é difícil esperar a deteção de valores médios de fluxo de calor para a região, nas quais (devido à alta condutividade térmica das rochas cristalinas) o nível de recursos promissores não é alcançado (devido à alta condutividade térmica das rochas cristalinas).

Na Fig. 4.10 é apresentado um esquema sumário dos recursos geoenergéticos. 4.10. É pouco pormenorizado, mas ilustra as possibilidades de utilização sequencial do calor da Terra a partir de diferentes intervalos de profundidade.

Nas três bacias e na parte central da Ucrânia com baixo potencial térmico, a quantidade total de recursos é de cerca de 1 trilião de toneladas de equivalente combustível. Comparemos os dados obtidos com as informações sobre as reservas de minerais combustíveis da Ucrânia apresentadas na Tabela 4.3 de acordo com [23].

Tabela 4.3.

Tipo de combustível	Acções	Reservas em t.c.e.
Hulha	^{10}4.31141.10 T	$3,880.10^{10}$
Linhite	^{10}0.25848.10 T	$0,127.10^{10}$
Turfa	^{10}0.0659379.10 T	$0,025.10^{10}$
Óleo	^{10}0.01467.10 T	$0,022.10^{10}$
Gás	^{10}129.10 M^3	$0,161.10^{10}$
Condensado	^{10}0.00807.10 T	$0,012.10^{10}$
Total		**0,04 biliões de toneladas de equivalente-combustível.**

A quantidade de W6 excede em 25 vezes as reservas de fósseis combustíveis (principalmente hulha). Tendo em conta as vantagens ambientais da energia geotérmica, isto permite-nos avaliar a utilização do calor da Terra na Ucrânia como uma direção muito promissora.

[002]A avaliação dos recursos geotérmicos que podem ser utilizados sem reaquecimento, produzindo vapor adequado para a produção de energia (fluido T - 210 C, descarga - 70 C, ou seja, o fluido descarregado pode ser utilizado para o fornecimento de calor), mostrou que a uma profundidade de perfuração de 4,5 km, os recursos mínimos aparecem na zona de máxima TP do sag Transcarpático (GTP >120 mW/m). [00]Na profundidade de perfuração de 6 km, obtêm-se os valores correspondentes aos valores W6 para a variante considerada acima (refrigerante T - 60 C, descarga - 20 C): [2]6 - 0, 7 - 2,5, 8 - 3,8, 9 - 5, 10 - 8 t c.t./m . Assim, as condições para a produção de vapor estão presentes apenas na calha Transcarpática e em áreas muito limitadas da Crimeia e Donbass.

Há desenvolvimentos muito promissores na utilização de água quente (se já houver poços perfurados durante a exploração) para a produção de vapor quando é reaquecida pela combustão de gás associado de poços piloto nos campos DDV, metano de minas de carvão fechadas em Donbass, gás de xisto, etc.

Pode afirmar-se que a hipótese formulada no início do capítulo sobre a utilização prospetiva da energia geotérmica foi confirmada pelos estudos efectuados.

Conclusão

Esta breve revisão dos resultados dos estudos geotérmicos do território da Ucrânia não inclui intencionalmente a discussão das questões mais complexas de interpretação dos parâmetros de fundo e anómalos do campo térmico e aplicações de dados sobre o fluxo e gradiente de calor para a solução de problemas de prospeção de depósitos minerais, estudo da sismicidade, geodinâmica, etc.. Estas são consideradas noutros trabalhos dos autores [8, 11, 12, 16, etc.]. Aqui tentámos dar uma ideia do campo térmico estudado, da distribuição das temperaturas profundas e de uma aplicação - a avaliação dos recursos geoenergéticos. A particularidade do trabalho parece ser a de chamar a atenção do leitor para a precisão da determinação dos parâmetros (que normalmente fica na sombra) e para a necessidade de fazer correcções aos valores do fluxo de calor (o que está praticamente ausente noutros trabalhos).

A utilização de dados independentes para controlar os modelos térmicos construídos também parece ser uma vantagem.

O trabalho efectuado permite-nos avançar com confiança para a avaliação dos recursos geoenergéticos da Ucrânia. No extremo nordeste do território considerado, o mapa cobre também uma parte do maciço de Voronezh propriamente dito com uma espessura mínima (até aos primeiros cem metros) de sedimentos.

e apenas para uma tecnologia de extração de calor, a experiência acumulada no estudo do campo térmico e a base de informação permitem passar facilmente ao estudo de campos específicos e à utilização de outras tecnologias. Não há dúvida de que a utilização do calor profundo no território da Ucrânia será mais intensiva no futuro do que atualmente.

Literatura

1. Aleksandrov A.L., Gordienko V.V., Derevskaya E.I. et al. Depth structure, evolution of fluid-magmatic systems and prospects of endogenous gold-bearing in the south-eastern part of the Ukrainian Donbass. Kiev: IFI UNA. 1996. 74c.

2. Babaev V.V., Budymka V.F., Sergeeva T.A. et al. Thermophysical Properties of Rocks (Propriedades Termofísicas das Rochas). Moscovo: Nedra. 1987. 157c.

3. Buryanov V.B., Gordienko V.V., Zavgorodnyaya O.V. et al. Geophysical model of the tectonosphere of Ukraine (Modelo geofísico da tectonosfera da Ucrânia). Kiev: Nauk. dumka. 1985. 212c.

4. Buryanov V.B., Gordienko V.V., Zavgorodnyaya O.V. et al. Geophysical model of the tectonosphere of Europe (Modelo geofísico da tectonosfera da Europa). Kiev: Nauk. dumka. 1987. 184c.

5. O.V. Veselov, V.V. Gordienko, V.V. Kudelkin. Condições termodinâmicas da formação de hidratos de gás no Mar de Okhotsk. Geologia e Recursos Minerais do Oceano Mundial. 2006. 3. C.7681.

6. Xenólitos profundos e o manto superior. Ed. V.S. Sobolev. Novosibirsk: Nauka. 1975. 272c.

7. Gordienko V.V. Thermal anomalies of geosynclines Kiev: Nauk. dumka. 1975. 142c.

8. Gordienko V.V. Deep processes in the Earth's tectonosphere (Processos profundos na tectonosfera da Terra). Kiev: IGF NASU. 1998. 85c.

9. Gordienko V.V.. Modelos de densidade da tectonosfera do território da Ucrânia. Kiev: 1ntelect. 1999. 101c.

10. Gordienko V.V. Propriedades físicas das rochas de depressões profundas. Geophys. zhurnal. 2000. 2. C.19-26.

11. Gordienko V.V. Processes in the Earth's tectonosphere (Advection-polymorphic hypothesis). Saarbrücken: LAP. 2012. 256c.

12. Gordienko V.V. Ativação moderna e depósitos de hidrocarbonetos (sobre o exemplo da depressão Dnieper-Donets). Deep Oil. 2013. 12. C. 1688-1710.

13. Gordienko V.V. Sobre as condições PT nos centros magmáticos do manto da Terra. Geophys. zhurnal. 2014. 6. C.28-57.

14. Gordienko V.V., Badanov V.A., Veselov O.V., Zavgorodnaya O.V., Shvartsman Y.G. About accuracy of temperature measurement in boreholes. Geoph. zhurnal. 1992. 3. C.35-41.

15. Gordienko V.V., Gordienko I.V., Zavgorodnyaya O.V. Campo térmico da parte central do Escudo Ucraniano. Parte 1. Geophysical Journal. 1996. 1. C.52-61.

16. Gordienko V.V., Gordienko I.V., Zavgorodnyaya O.V. et al. Campo térmico do território da Ucrânia. Kiev: Znanie Ukrainy. 2002. 170c.

17. Gordienko V. V., Zavgorodnyaya O.V. Measurement of the Earth's heat flux at the surface. Kiev: Nauk. dumka. 1980. 104 c.

18. Gordienko V. V., Zavgorodnyaya O. V. Campo térmico da parte nordeste do território da SSR ucraniana. Geophys. zhurnal. 1983. 3. C.27-32.

19. Gordienko V.V., Zavgorodnyaya O.V. Determinação do fluxo de calor em diferentes situações geotérmicas. Normalização de estudos geotérmicos em áreas tectonicamente activas. Makhachkala: Dag. fil. ACADEMIA DE CIÊNCIAS DA USSR. 1987. C.27-35.

20. Gordienko V.V., Zavgorodnyaya O.V. Campo térmico da parte sudeste do Escudo Ucraniano e das suas encostas. Geophys. zhurnal. 1989. 2. C.39.

21. Gordienko V.V., Tarasov V.N. Ativação moderna e isotopia de hélio do território da Ucrânia. K.: Znanie. 2001. 102c.

22. Gordienko I.V. Interpretação da anomalia do fluxo de calor de Kirovograd.

Geophys. zhurnal. 2000. 3. C.82-89.

23. Serviço Geológico Estatal da Ucrânia. Dovshnik. Kiev: GeoYform. 1999. 87c.

24. Dyadkin Y.D. Fundamentals of geothermal technology (Fundamentos da tecnologia geotérmica). Leningrado: LGI. 1985. 176c.

25. Dyadkin Y.D., Boguslavskiy E.I., Vainblat A.B. et al. Geothermal Resources of the USSR. Modelos geotérmicos de estruturas geológicas. C. Petersburg: VSEGEI. 1991. C.168-176.

26. Zabarny G.N., Shurchkov A.V., Zadorozhnaya A.A. Recursos e potencial térmico das perspectivas de desenvolvimento industrial dos depósitos de água termal da região de Transcarpathian K.: ITT NASU. 1997. 150c.

27. Kadik A.A., Lukanin O.A., Portnyagin A.L. Magma formation during upward movement of mantle matter: temperature regime and composition of melts formed during adiabatic decompression of ultrabasite mantle. Geochemistry. 1990. 9. C.1263-1276.

28. Mapa das descontinuidades e principais zonas de lineamentos do sudoeste da URSS. M-b 1 : 1 000 000. Editor. N.A. Krylov. Moscovo: Ministério da Geologia da URSS. 1988.

29. Kutas R.I., Gordienko V.V. Campo térmico da Ucrânia. Kiev: Nauk. dumka. 1971. 141c.

30. Lebedev T.S., Korchin V.A., Savenko B.Ya. et al Physical properties of mineral matter in thermodynamic conditions of lithosphere. Kiev: Nauk. dumka. 1986. 199c.

31. Lebedev T.S., Korchin V.A., Savenko B.Ya. et al. Petrophysical studies at high PT-parameters and their geophysical applications Kiev: Nauk. dumka. 1988. 248c.

32. Lebedev T.S., Shapoval V.I. Investigação RT das propriedades físicas das

rochas da parte superior da secção do poço superprofundo Krivoy Rog. 3. Parâmetros térmicos. Revista Geophys. 1993. 1. C.46-55.

33. Lukin A.E. Lithogeodynamic factors of oil and gas accumulation in avlacogenic basins (Factores litogeodinâmicos da acumulação de petróleo e gás em bacias avlacogénicas). Kiev: Nauk. dumka. 1997. 224c.

34. Lut R.T., Mishchenko A.V. Renewable energy sources in Ukraine - resources and characteristics (Fontes de energia renováveis na Ucrânia - recursos e caraterísticas). Renewable Energy. 2001. 3. C.5-8.

35. Moiseenko U.I., Smyslov A.A. Temperature of the Earth's interior. Leningrado: Nedra. 1986.178c.

36. Atlas Nacional da Ucrânia. K.: Kartografiya. 2007. 440c.

37. Propriedades físicas de rochas e minerais. Manual do Geofísico. Ed. N. B. Dortman. Moscovo: Nedra. 1984. 456 c.

38. Shpak A.A., Efremochkin N.V., Borevskiy L.V. Prospeção, exploração e avaliação de recursos previsionais e reservas operacionais de águas de energia térmica. Moscovo: Nedra. 1989. 89c.

39. Yakovlev B. A. Solution of problems of oil geology by methods of geothermia Moscovo: Nedra. 1979. 142 c.

40. Armstead H. e Tester J. Heat Mining. Londres: E.F.Spon. 1987. 320p.

41. Fujisava H., Fyjii N. 2224Difusividade térmica de Mg SiO , Fe SiO e NaCl a altas temperaturas e pressões. J.G.R.. 1968. v.73, 14. P. 47274733.

42. Gasparik T. Experiências de fusão no Enstatite-Pyrope Join a 80152 kbr. J.G.R.. 1992. 97. P.1581-1588.

43. Gordienko I. Campo térmico e energia geotérmica nos Cárpatos e no vale Transcarpático. Actas do Instituto de Estudos Fundamentais. 2001. P.122-124.

44. Gordienko I., Gordienko V. Fluxo de calor e recursos geotérmicos na bacia

de Ciscarpathian e na placa Volyno-Podolian. O campo térmico da Terra e métodos de investigação relacionados. Moskow: RUPF. 2002. P.89-91.

45. Kanamori N., Fyjii N., Mizuteni H. Medição da difusividade térmica de minerais formadores de rocha de 300-1100 K. J G. R. 1968. v.73, 2. P.595605.

46. Kawada K. Variação da condutividade térmica das rochas. P. 1/ Bull. Earthquake Res. lust. 1964. v. 42, 4. P.631- 647.

47. Kawada K. Variação da condutividade térmica das rochas. P. 2.. Boletim. Instituto de Investigação de Terramotos. 1966. v. 44, 3. P.1071-1091.

48. Kohl T., Brennil R., Eugster W. Performance investigations of a deep borehole heat exchanger. O campo térmico da Terra e métodos de investigação relacionados. Moskow: RUPF. 2002. P.126-128.

49. Seipold V., Engler R. Investigação da difusividade térmica de granodioritos articulados sob carga uniaxial e pressão hidrostática. Gerlands Beit. Geophys. 1981. 90,1 P.65-71.

50. Seipold V., Gutzeit W. Medições das propriedades térmicas das rochas em condições extremas. Phys. Planeta Terra Inter. 1980. 22. P.272-276.

51. Tester, J.; Herzog, H. Economic Predictions for Heat Mining: A Review and Analysis of Hot Dry Rock (HDR) Geothermal Energy Technology. MIT-EL 90-001. 1990. 180p.

52. Yukutaka H., Shimada M. Condutividade térmica de NaCl, MgO, coesite e stishovite a 40 kbar. Phys. Planeta Terra. Inter. 1978. v.17. 3. p.183-200.

Printed by Books on Demand GmbH, Norderstedt / Germany